건설
사업
관리
이야기

The Story
of Construction
Management

건설사업관리 이야기

초판발행	2019년 5월 17일
재판발행	2023년 10월 27일

지은이	송주현
발행인	조현수
펴낸곳	도서출판 더로드
마케팅	최문순
IT 마케팅	조용재
디자인 디렉터	오종국 Design CREO

ADD 본사	경기도 파주시 초롱꽃로17 303동 205호
물류센터	경기도 파주시 산남동693-1 1동
전화	031-942-5364, 031-942-5366
팩스	031-942-5368
이메일	provence70@naver.com
등록번호	제2015-000135호
등록	2015년 06월 18일
ISBN	979-11-6338-033-7-13590

정가 20,000원

CM이 묻고
인문학이 답하다

**건설
사업
관리
이야기**

The Story
of Construction
Management

建設
事業
管理
Story

송 주 현 저

R
도서출판 더로드
The Road Books

"건설은 우리가 꿈꾸는 삶의 완성이다"

이 책은 건설에 관심있거나 국내와 해외 공사를 포함한 건설업에 임하는 모든 사람들을 위한 것이다. 누구나 한 번쯤 언젠가는 내 집을 짓고자 하는 꿈을 가지고 있는 것처럼 건설은 우리가 꿈꾸는 삶의 완성이다. 조금 더 현실적으로는 마을에 지하철이 들어오고 아닌 것에 따라 내가 이곳에서 살 것인지 아니면 다른 곳에서 살 것인지를 결정하는 것과 같이 건설은 우리의 삶을 결정짓기도 한다. 건설의 범위는 내 집과 같은 주택을 짓고자 하는 것에서부터 병원, 교회, 빌딩, 호텔과 같은 건축물과 도로, 터널, 교량, 항만과 같은 인프라 시설, 태양광, 풍력과 같은 신재생 에너지 시설, 그리고 공장, 발전소, 화공플랜트와 같은 산업시설과 리모델링을 포함한다. 여기에는 이런 시설을 짓기 위해 자금을 조달하는 재원 조달자 혹은 금융투자자에서부터 이를 기획하고 발주하는 발주 담당자, 설계자, 감리자 혹은 건설사업관리자, 그리고 시공을 맡을 공사관리자들이 있다. 이들의 목적은 모두 한결같다. 어떻게 이

사업을 성공시킬 것인가? 이들의 고민은 계획을 '어떻게' 완성할 것인가 하는 것도 있지만 궁극적으로 성공을 평가할 기준은 하나다. 이 비용으로 이 기간에 끝낼 수 있을 것인가? 이것은 쇼핑을 가서 내가 가진 돈으로 원하는 옷을 살 수 있을 것인가에 대한 기대와 같다. 다만 건설은 기성품이 없고 모두 주문제작으로만 가능한, 'Ready Made'가 아니라 'Order Made'이다.

이런 과정에서 건설 경험이 있는 대부분의 사람들이 알게 되는 것은 많은 건설사업이 애초의 계획보다 기간과 비용이 늘어난다는 것이다. 사전에 합의된 사항은 감당할 수 있지만 그렇지 않은 상황은 발주자를 당혹스럽게 한다.

호주 시드니를 대표하는 오페라 하우스는 건설과정에서 설계자가 교체되는 상태를 맞이하며 당초 예정보다 6년이나 지연되었고 공사비는 열 배 이상으로 늘어났다. 이와 반대로 1931년에 완공된 뉴욕의 엠파이어 스테이트 빌딩은 102층의 건물을 단 11개월 만에 완성하였다. 이는 예정보다 공사 기간도 단축되었지만, 비용도 계획보다 10퍼센트 이상 절감된 것이었다. 이 건물이라고 해서 설계변경이 없었던 게 아니었다. 기초를 제외하고 실제 철근 콘크리트 구조인 86층까지 올린 시간은 겨우 6개월에 불과하니, 일주일에 평균 3.5층을 올렸다는 계산이 나온다. 기술이 발달한 오늘날에도 우리가 아파트 한 개 층을 올리는데 대략 2주 정도의 기간이 필요하다는 것과 비교할 때 이것이 얼마나 엄청난 일인지 가늠할 수 있다. 무엇보다 이 사업을 성공으로 이끈 '건설사업관리(CM, Construction Management)'는 초미의 관심사가 되었다. CM단의 역할은 이 빌딩의 계획과 설계, 엔지니어링과 건설, 그리고 임대 준비과정까지 총망라한 것이었다. 그렇게 완공된 빌딩은 80여 년이 지난 지금도 뉴욕을 대표하고 있다.

한국에는 1994년 성수대교의 붕괴 이후, 기존의 감리 체제만으로는 부족하다는 인식이 팽배해지며 CM이 도입된다. 하지만 초기에는 기존의 제도와 상충하기도 하고 CM에 대한 이해가 없으니 이를 찾는 한국의 수요자들이 없었다. 그 후 IMF 시대에 접어들면서 한국의 부동산과 시설들을 사들인 외국인 투자자들이 리모델링을 위해 설계업체나 감리업체가 아닌 CM 업체를 찾자 사회적 관심도는 크게 높아졌다. 이를 기회로 CM은 다시 건설업계에서 주목받게 되었고 시험이나 학회에서도 단골 주제로 등장하였다. 그렇지만 CM이 활성화되기 위한 제도와 건설기술인들의 이해는 여전히 받침이 되어 주지 못했다. 30여 년 이상 감리 체제로 굳어진 상황에서 몇몇 업체들을 중심으로만 도입된 CM 제도는 폭넓은 제도의 개혁에 이바지하지 못했고 마침내 2014년 건설기술진흥법의 시행과 함께 기존의 감리도 '건설사업관리자'란 이름을 갖추면서 일부의 우려대로 하향 평준화의 길을 걷게 된다. 마치 과거에 더 우수한 품질을 자랑하던 유럽의 VCR이 일본의 VTR 홍보와 기술 보급화 전략에 의해 사라지고 이후 VTR은 오히려 다시 VCR이란 이름을 차지하게 된 것과 유사한 일이 발생한 것이다.

인생을 가까이에서 볼 때는 비극이지만 멀리서 보면 희극이듯이 건설사업도 현장에서 시달리는 사람에게는 노역이지만 밖에서 보는 사람에게는 한편의 다큐멘터리가 된다. 인생을 현명하게 살아가는 방법은 제3자의 입장에서 현실을 바라보는 것이다.

나는 여기에서 건설에 관한 이야기뿐만 아니라 다양한 역사적, 이론적 사실들과 이야기들을 가미하였다. 이것은 건설산업이 모든 인간사와 함께한다는 의미다. 우리에게는 인류가 겪어온 수많은 경험과 정리된 이론들이 있다. 그리고 이 책에서 소개된 모든 이론은 창조해 낸 것이 아니라 기존에 있던 현상에서 관찰을 통해 찾아낸 것이라는 공통점이 있다. 관찰자는 거기에 이름과 정의만 얹힌 것뿐이다. 이들은 자연에 없던 물질을 만들어 내고 합성해 내는 과학과는 다른 과학이고, 공학자들에게는 익숙하지 않은 분야다. 하지만 어떤 문제든 이를 극복하기 위한 해답을 찾으려고 한다면, 그 경험들과 이론들은 우리의 길을 밝히는 소중한 불빛이 되어 줄 것이다. 뉴턴의 인용구처럼, 오늘날 우리는 모든 것을 처음 시작하는 것이 아니라 거인의 어깨 위에 올라서 앞을 내다보고 있기 때문이다. 내가 하는 행동과 선택이 이미 연구되었고 원인조차 밝혀져 있다면, 그 결과까지 예측할 수 있다. 그러므로 우리가 풀어야 할 많은 문제는 이미 세상에 해결책이 나와 있다는 결론에 이른다. 우리는 그것을 받아들이고 따르기만 하면 된다.

나는 그것을 말하려고 한다. 한 권의 책에 모든 현실과 해결책을 담을 수는 없지만, 개별적인 것 같은 건설사업의 문제들은 몇 개의 특징적인 결론으로 매듭짓게 된다는 것을 찾아볼 수 있다. 사업에서 발생하는 문제들이 홀로 고독하게 맞서야 하는 싸움이 아니라 주위에는 비슷한 문제로 고민하는 수많은 사람들이 있다는 것을 안다면 훨씬 다루기가 쉬워지지 않을까? 남에게 내 문제를 먼저 설명하려 들기보다 내가 먼저 머리를 들어 더 넓게 본다면, 내 사업에서 발생하는 문제의 80 퍼센트는 다른 곳에서도 발생하는 일반적인 현상이라는 사실을 알게 될 것이다.

건설사업이 흔들리고 지연되는 이유는 바다 위의 요트처럼 중심을 잡지 못하기 때문이다. 수십 년 동안 노를 저으며 고깃배를 몰았다고 하여 누구나 돛으로 나아가는 요트를 몰 수 있는 것은 아니다. 많은 이들이 건설을 알고 있지만, 누구나 건설사업을 관리할 수 있는 것은 더욱 아니다. 서툰 이는 요트란 믿을 수 없는 배이며 바람 때문에 뒤집힌다고 말하겠지만, 이 책은 그 바람을 타고 유연하게 나아가는 방법을 제시한다.

끝으로, 여기에서는 수많은 건설 부문의 공통적인 부분만 다루고 있다. 그럼에도 불구하고, 투자자나 발주자라면 진행되고 있는 건설사업의 진행이 원활하지 않을 때 이 책을 참조한다면 분명한 이유를 찾을 수 있을 것이다. 건설사업관리자나 건설사 직원이라면 현재의 업무를 보다 나은 방향으로 이끄는 데 도움을 줄 것이다. 그러나 부족한 설명이나 오류가 있다면 이것은 전적으로 나의 잘못임을 분명히 밝힌다.

이와 관계없이, 기꺼이 감수의 수고로움을 허락해 주신 건설산업연구원의 이상호 원장님(前, 한미글로벌 사장), 건설계약의 전문가이신 태평양 김승현 변호사님(『국제건설계약의 법리와 실무』 저자)과 Liga의 이종수 대표님, CM 전문가이신 인하대 신도형 교수님과 세계 CM업계를 대표하는 Jacobs의 이수현 Program Manager님, 인도에 계신 CHO & KIM Engineering PVT의 김대봉 대표님, 풍력발전사업을 이끌고 계시는 ㈜부선의 신상일 대표님, 건설 대기업의 오랜 경험으로 보험업계를 이끌고 계시는 코리안 리(Korean Re)의 송영흡 상무님과 Munich Re의 이원석 전무님, 건설투자 전문가인 이지스 자산운용의 백경욱 상무님, 삼성화재 해상보험 부동산금융파트의 김도일 팀장님, 그리고 KDB 산업은행의 박영우 차장님, 특별 자문을 해 주신 아주대 김경일 교수님('어쩌다 어른', '배워서 남줄랩' 강연, 『지혜의 심리학』, 『이끌지 말고 따르게 하라』 등 저자)과 김재웅 박사님(『북한 체제의 기원』 저자), 집필 기간 내내 좋은 착안과 조언을 해주신 송석모 원장님, 그리고 해외에서도 꼼꼼한 검토와 아낌없는 격려를 해주신 윤석관 님과 김현아 님께 지면을 빌어 감사의 말씀을 드립니다.

2019년 봄, 안암동에서

저자 송 주 현

"건설 실무자들이 반드시 읽어야 할 책"

이번 『건설사업관리 이야기』를 출간한 송주현 저자는 2017년 고려대학교 공학대학원 글로벌 건설엔지니어링 학과에서 저의 해외건설계약 및 클레임 강의를 수강하였는데, 열정적인 수업 참여와 풍부한 건설 실무경험, 그리고 탄탄한 이론적 무장을 느끼게 하는 질문들로 강의에 활력을 불어넣었던 분이었습니다.

저자는 이 책에서 특히, 어떤 건설 프로젝트든 체계적이고 효율적으로 관리되지 않으면 시간과 비용 측면에서 불측의 손해를 초래할 수밖에 없다는 점을 매우 설득력 있게 잘 설명하고 있습니다. 어떤 프로젝트의 성공을 위해서는 건설 실무에 종사하시는 분들 각자가 담당 업무에 정통해야할 뿐만 아니라, 전체적으로 프로젝트가 유기적인 관점에서 조율되어야 하며, 건설 참여자들의 상호 협력을 통해 애초에 예상하지 못했던 각종 난관들을 헤쳐 나가야 한다는 점에서 프로젝트 관리의 중요성은 아무리 강조해도 지나치지 않습니다.

　저자는 대기업 건설사, 손해사정사, PM사 및 Engineering Consulting사에서의 실무 경험을 대학원에서의 이론적인 학습으로 체계화하였을 뿐만 아니라, 아주 생동감 넘치는 필치로 흥미진진하게 건설 프로젝트 관리의 중요성과 항목들을 역설하고 있어 건설 실무자들이 반드시 읽어야 하는 책이라고 생각합니다.

2019년 5월

태평양 법무법인
변호사 김승현

"건설사업관리의 기술"

사회생활의 시작을 건설회사에서 시작했었던 개인적인 경험에 견주어 본 도서는 내게 조금 특별한 의미로 다가왔다. 어찌 보면 전문가들을 위해 건설산업의 처음과 끝을 일목요연하게 그리고 있는 책이지만, 그 전개과정과 설명 구조가 전문서적이라기보다는 한 권의 인문학 책을 읽는 듯이 다가오는 느낌이 있다는 건 건설산업에 종사하지 않는 일반인의 관점에서는 신선하게 느껴지지 않을까 생각한다.

신입사원 시절, 선배들의 영웅담은 꿈 많은 사회 초년병에게는 하나하나 재미있게 다가왔다. 어린 신입사원에게 재미있게 설명하고자 했던 선배의 장난기 어린 이야기였지만 지금도 기억할 만큼 믿음이 가는, 나름의 즐거운 추억거리이다. 그중 특히 같은 공대 출신임에도 각종 부서에 배치되어 일하다 보면 분야에 따라 개인의 취향 및 성정에 따라 달리 성장해 간다는 이야기가 있었다.

플랜트사업부에 기계직군으로 배치되어 사막에서 정유공장과 대양의 해양플랜트, 각종 대형 산업단지 개발현장에서 산업기계를 건설하는 플랜트 직군 선배들은 무쇠 같은 강인한 심성으로 성장해 간다고 했다. 그 이후 플랜트 사업에 종사하는 분들을 대할 때마다 보통은 넘을 것 같은 불끈 쥔 커다란 주먹이 무서워 보이기도 했었다.

건축사업부에 배치되어 전 세계의 주요 도시 한가운데서 주택이나 오피스, 고급 호텔 등을 건설하는 건축직 선배들은 도심에서 일하면서 와인과 도시의 세련됨을 즐기는 모습으로 살면서도, 얼핏 보기와는 달리 수만 가지 종류의 자재로 이루어진 건축사업의 특성상 타일 한쪽, 창틀의 부품 하나 등 세세한 부분까지 심려 깊게 관리하고 작업하면서 섬세하고 예민한 성격을 가지게 된다는 이야기도 있었다. 건축직 속에서는 항상 말도 조심하고 행동도 조신해야만 할 것 같았다.

항구, 댐, 교량과 같이 항상 자연 속에 현장이 입지하여 대자연을 벗하며 일하는 토목 직군에 배치되면 그 광활한 자연에서 스며든 여유 있는 품과 스케일이 큰 건설물량을 대하며 생기는 통 큰 아량을 가지게 된다는 이야기도 있었다. 대자연 속에서 조급함을 경계하고 마음에 여유를 가지면서 건설에 몰두하다 보면 인문학을 즐기고 시와 소설을 사랑하게 된다는 것이다. 실제로 토목 분야에 일하시던 선배님 중에는 해외의 오지에서

장기간 건설업무에 종사하면서 틈틈이 써온 글을 모아 시집을 내신 분도 계시고, 현지인들과 좋은 추억을 담은 수필집을 쓰신 분들도 계셨다.

본서를 읽으면서 앞에 설명한 건설산업 각 분야에서 키워지는 그 독특한 성정이 글의 구성과 행간에 깊이 스며들어 있다는 느낌이 들었다. 특히나 기술을 전문으로 하고 마치 대학생이나 건설 분야 전문가의 필독 학습 교재로 쓰일 듯한 이미지이지만, 산업적 특성에서 키워진 넓은 품과 함께 오랜 시간 다양한 독서와 사고 속에 키워져 온 인문학에 대한 깊은 식견이 담겨 있어 막상 페이지를 넘겨보며 읽다 보면 수년 전 유행했었던 "인문학 콘서트"를 연상케 하는 구성이 돋보였다. 전문서적을 접한다는 자세로 읽어 내려가던 본인에게는 신선한 충격이었다. 역사 속의 사건이나 명사의 잠언, 고전의 이론 등 다양한 비유로 "건설사업" 곳곳을 연결하며 풀어나가는 이야기가 오랫동안 직, 간접적으로 건설산업을 경험하여 일해온 나에게조차 건설사업의 내면의 모습에 대한 이해가 새로워지는 신기한 경험을 하게 하였다. 가히 "인문학 수필서"가 건설사업으로 확장되며 발전할 수 있는 도서가 아닐까 생각해 본다.

건설산업은 이름이 주는 장중한 무게감과 달리 어느 한 전문가 집단에 오롯이 한정된 닫힌 분야는 아니다. 건설은 결국 인간이 살아가고 일하는 바탕의 가장 근본 산업으로서 알게 모르게 세상에 존재하는 많은 직업,

산업과 깊은 연관이 있는 것이다. 따라서 관계된 산업, 준비하는 학생, 사업으로 연관된 직업군의 시각에서 건설사업이 저 멀리 있는 그들만의 리그가 아니라는 글쓴이의 안내가 일반인도 흥미롭게 건설업에 접근할 수 있게 하고 있다.

좀 더 전문적인 관점에서 본서를 둘러 보면 또 다른 모습을 발견할 수 있다. 1990년대까지 고도성장을 이어온 대한민국 경제와 함께 숨 막히는 속도의 성장을 구가하며 나름 규모의 경제와 가격 경쟁력을 앞세워 글로벌 건설시장에서 한자리를 차지할 만큼 발전해온 한국의 건설산업은 건설 그 자체의 복잡성과 더불어 관련된 산업, 금융, 정부와 민간 등 더욱 복잡해지고 고도화되는 산업의 흐름 속에서 한 단계 도약하기 위한 많은 노력을 기울이게 된다. 그 노력의 일환으로 CM과 같은 "건설사업관리"가 중요한 분야로 자리 잡아 학문적으로, 또 산업 내 체계적 발전을 이루기 위하여 산업계 및 사회, 학계 각처에서 건설산업 문화 자체를 바꾸어 가고 있는 와중에 있다고 생각한다. 본서의 저자는 그 분야의 전문가로서 건설 산업계뿐 아니라, 관련된 산업계의 비전문가들에까지 쉽게 이해될 수 있도록 건설산업 전반을 설명하고 "건설사업관리의 정석"에 대한 비전을 제시한다. 흥미로운 인문학적 비유는 건설산업이라는 전문영역을 우리의 삶 속으로 끌고 와 호기심을 유발하고 또한 수월한 접근 속에서 파트너 산업에 대한 이해, 내가 사는 세상을 만드는 산업에 대한 이해를 끌어내게 될 것으로 생각한다. 이는 금융을 하는 이에게는 건설사업에 대한 신뢰제고의 계기가 되고 향후 산업간 협업의 방향성을 제시하는 계기가 될 수 있을 것이며, 건설산업에 진출하고자 하는 학생이나 관련된 산업체 근무자에게는 개인적이나 사업적인 관점에서 접점을 쉽게 이해하며 접근할 수 있는 계기를 만들어 줄 것이다.

아무쪼록 글쓴이의 각고의 노력을 통해 집필된 본서가, "건설산업관리"라는 전문적인 영역을 발전시키고 방향성을 성공적으로 이끌며 대한민국 건설산업의 선진화를 더욱 공고히 다져 주길 바라며, 이와 동시에 특유의 신선한 감각으로 일반인과 유관 산업 종사자, 학생들에게까지도 "건설산업" 자체를 편안하게 접하게 하고 이 세상을 함께 만들어 가며 항상 우리와 같이 가는 친근한 산업임을 인식시키는 계기가 되길 진심으로 바라는 바이다.

2019년 4월초, 송주현 님의 "건설사업관리 이야기"를 읽고

김도일 드림

김도일 팀장은 건축을 전공하고 현대건설 국내외에서 10년간 근무한 뒤, 금융투자 분야로 이직하여 현재 12년 동안 부동산 금융투자 업무에 임하고 있다.

Contents | **차례**

이 세상을 함께 만들어 가며...

아무쪼록 글쓴이의 각고의 노력을 통해 집필된 본서가,
"건설산업관리"라는 전문적인 영역을 발전시키고 방향성을 성공적으로
이끌며 대한민국 건설산업의 선진화를 더욱 공고히 다져 주길 바라며,
이와 동시에 특유의 신선한 감각으로 일반인과 유관 산업 종사자,
학생들에게까지도 "건설산업" 자체를 편안하게 접하게 하고
이 세상을 함께 만들어 가며 항상 우리와 같이 가는 친근한 산업임을
인식시키는 계기가 되길 진심으로 바라는 바이다.

– 김도일 감수평 중에서

사업은 왜 실패하는가

01

완공을 기다리며

　　오랜만에 만난 선배가 2년 넘게 기다려 온 신
도시 지하철 연장선 개통이 또 8개월이나 늦춰졌다고 투덜댔다. 지하철
완공에 맞춰 입주를 계획하고 있었는데 또다시 틀어져 버렸다는 것이다.
시장은 올해 시승식 참여자를 초대하여 동승하며 연말 개통을 약속했었
다. 하지만 곧이어 이루어진 선거에서 그의 재임이 실패하자, 불과 육 개
월 앞두고 있던 완공이 늦춰졌다는 뉴스가 나왔다. 이 사업은 지역의 레
미콘 공급 문제로 개통일이 이미 한 번 연기된 상태였고, 이번에도 시민
들은 계속 개통 가능성에 대해 의혹을 제기해 왔던 터였다. 지하철 없이
강남에 있는 직장까지 출퇴근하는 것은 매우 불편했다. 지하철 연장을 기
대하고 이미 아파트 입주까지 마친 시민들과 상인들은 항의했지만, "이
사업은 아파트 사업자들의 홍보와는 무관한 사업입니다"라는 답변만 돌

아왔다.

건물이나 공장을 지을 때, 우리는 계약서에 있는 대로 공사가 끝날 것이라고 기대한다. 아파트 입주 시기가 그렇게 정해지고 호텔 개장도 그렇게 이루어지며 도로 개통일도 그렇게 정해진다. 오랫동안 뉴스에서 공사 일정을 앞당겼다는 소식은 들었어도 공사가 늦어졌다는 얘기는 들은 적이 없었다. 한국은 "빨리빨리"로 세계에 알려졌고 공사 진행 속도는 세계를 놀라게 했다. 그런데 왜 건설 일정이 늦어진다고 말하는가? 더구나 일 년 가까이 혹은 그 이상 이어져 온 공사인데, 준공을 눈앞에 두고 그들은 공사 연장을 말한다.

상가나 호텔의 개장이 지연되면 이들의 하루 매출 손실로 산정되는 직접적인 피해도 크지만, 석유화학 플랜트나 반도체와 같이 가동 시기에 따라 시장의 판도를 좌우할 수 있는 상황에서는 직접적인 손실뿐만 아니라 그 여파는 산출조차 불가능하다. 공사가 지연되면 그들은 이렇게 말하는 것 같다. "삶이 그대를 속일지라도 결코 슬퍼하거나 노여워하지 말라.1)"

우리의 인생은 가끔 앞이 보이지 않는 막막함으로 미래를 어떻게 설계해야 할지 모를 때가 있다. 그러나 우리의 공사가 신기술 개발이나 우주선 개발 같은 것이 아니라면 모든 과정은 이미 경험으로 증명되어 있다. 내가 몰라도 누군가는 공사 방법을 알고 있을 것이고, 정상적으로 설계가 되어있다면 기술적인 절벽에 부닥칠 가능성은 거의 없다. 그렇기에 공정표 작성이 가능하다.

건설공사계약을 하면 시공사가 작성한 전체 공정표가 포함된다. 공사가 시작되면 매주 그리고 매월 공정표를 작성하고 발주자와 기술자들이 모여 매월 공정회의를 갖기도 한다. 그러나 우리가 뉴스를 보고 당장 행동으로 나가지 못하듯이 그들의 얘기들은 TV 뉴스만큼이나 우리에게 무엇을 각인시켜 주지 못한다. 우리는 공정회의에서 무얼 얘기했는가? 공정표에는 무엇이 그려져 있었는가?

현실에서 현장 관계자들이 관심을 두는 서류들은 그때마다 필요에 따라 생산된 '비정기적 보고서'이며, 이것은 일부 관계자들에게만 전해진다. 현장에서는 언제나 많은 서류를 작성하지만, 월간이나 연간 단위의 '실적표'를 제외하면, 대부분의 정기보고서는 생산되는 즉시 벽에 기대어 있는 책장으로 들어가거나 창고로 직행한다. 정기보고서에는 공사 지연이나 비용 상승과 같이 중요한 정보들이 담겨 있지 않거나 형식적이고 모호한 기록들이 무미건조하게 남아 있다. 정기보고서는 작성을 요구하는 사람도, 작성하는 사람도 크게 관심을 두지 않는다. 시공자가 공정표라고 말하며 보여주는 막대그래프는 영혼 없는 그림에 불과하다[2].

2) 세잔의 정물화와 마티스의 투박한 그림이 명화로 남는 이유는 알고 볼수록 작가의 사색 깊이와 의도에 경의가 표해지기 때문이다. 모나리자는 수많은 사람이 연구해 왔지만, 여전히 볼수록 신비감이 늘어난다. 모든 화가가 명화를 그리는 것은 아니어도 우리가 화가에게 비용을 지불하는 이유는 그들의 작품이 우리에게 영감을 주고 의미를 주기 때문이다. 건설 엔지니어는 고객에게 무엇을 제공해야 하는가?

지금까지의 한국의 건설산업은 민간 발주자보다 정부 발주청의 공사들이 중심을 이루었다. 건설 일정은 공사의 내용보다 발주자의 사정에 맞춰졌고 공사가 늦어지면 "돌관(突貫)공사[3]"라는 비장의 부스터 카드를 꺼내 들었다. 해외건 국내건 한국의 건설사들은 일정을 앞당기기 위해 야간작업과 밤샘 공사를 강행했다. 이

때는 피곤한 몸으로 돌아가려고 하거나 다른 현장 일을 끝낸 작업자들을 불러왔다. 과거의 작업자들은 연장 작업을 돈을 더 벌 수 있는 좋은 기회로 생각했다. 그러나 이제 사람들은 돈만을 추구하지 않는다. 그 덕에 신이 난 것은 아르바이트로 건설 현장 체험을 찾는 대학생들이다. 그동안 이것이 가능했던 것은 부스터 가동에 따르는 추가 비용이나 공사 지연에도 불구하고 건설인들은 여전히 다양한 방법으로 이를 수익성 좋은 사업으로 만들 수 있었고, 설계는 충분한 안전성을 두었으며, 감리는 발주자와 시공사의 분위기를 파악하는 현명함을 가졌기 때문이다.

그런데 최근 시공사들이 정부를 대상으로 공사 기간연장에 따른 간접비 소송이 줄을 잇고 있다. 정부는 발주청이 작성하는 공정표가 아니라 설계자가 작성하도록 하겠다는 계획을 발표했다(공정표는 시공사가 작성하던 것이 아니었던가?). 지금까지 발주청별로 공기에 대한 자체 기준을 운영했었고, 공사 기간 산정의 적정성 검토를 의무화하여 '기간 영향 요소 실적치'를 고려한 합리적 공사 기간을 산정하겠다는 취지다. 하지만 이것은 시험 일자를 늦춰주고 학생들이 시험을 더 잘 치르게 하겠다는 얘기처럼 들린

다. 다만 지나치게 몰아붙여 시공사의 물리적인 한계를 넘어서게 하는 관행은 해소될 것이다. 그리고 우리도 해외 건설사처럼 주말에는 작업장을 닫을 수 있는 여건을 마련하고 건설공사장에 좋은 인력을 불러들이는 효과를 가져오게 할 것으로 기대한다. 그러나 그렇게 새로 작성된 공정표에 따르도록 한다면, 내 집 앞의 지하철은 제때 개통이 될까? 내 건물의 준공은 계약서대로 이루어질까? 이 책에서는 이 물음에 관하여 얘기하고자 한다.

02

공정이 지연되는 이유

설계자가 공정표를 작성하면 시공사가 그대로 따라갈 수 있을까? 스포츠에서 코치는 선수가 잘 뛸 수 있도록 계획하지만, 경기 상황은 코치가 계획한 대로 진행되지 않는다. 설계자가 작성한 공정표가 시공사에 충분한 여유를 주었는가 그렇지 않은가는 의미 있지만, 실제로 공사 계획과 일정은 시공사의 생각에 달려 있다. 무엇보다 한국의 현실은, 설계사는 현장에 대한 자신감이 부족하고 시공사는 설계자를 코치라고 생각하지 않는다는 것이다.

해외와 달리 한국 건설의 성장은 기술자들이 주도한 것이 아니라 행정과 자금이 이끈 결과였다. 건설의 어려움은 정부가 해결해왔다. 정부의 대형 공사들이 턴키(Turn Key)⁴⁾라는 방식을 취하면서 시공사는 설계자의 발주자가 되어버린 지 오래다.

4 발주자는 비용을 지급하고 나서 '키만 돌리면(Turn-key)' 모든 시설이 가동되도록 공사를 완료시키는 것을 말한다.

이에 비해 EPC(Engineering, Procurement, Construction)는 발주자에게가 파이낸싱 (Financing)이 필요한 경우이지만, 모든 사람들이 이를 엄격하게 구분하여 사용하는 것은 아니다. 그보다 전자는 시설의 완성에, 후자는 시공사의 진행과 역할에 초점을 맞추었지만, 그 계약 형태는 결국 같다. 그래서 FIDIC은 동일한 계약서 (Silver book)를 사용한다. 둘 다 설계까지 시공사가 설계를 책임지면서 시공사의 역할은 커지고 고용된 설계사는 시공사를 발주자로 하게 되었다.

기술자가 존중받지 못하는 사회에서 작은 설계자들은 힘이 없다. 한국의 기술자들은 이미 결정된 결과에 맞춘 보고서를 작성해야 했고, 그들은 기술자들의 검토를 마친 계획이라며 진행하였다. 이제 기술자들은 곡마단에서 자란 코끼리처럼 그들의 결정 없이는 묶인 사슬을 풀어주더라도 자유롭게 다닐 생각을 하지 못하게 되었다.

공사 일정을 계획할 때 우리는 "암달의 법칙(Amdahl's Law)"을 기억해야 한다. 컴퓨터 공학에서 쓰이는 이 용어는, 순차적으로 해야 하는 부분이 많으면 아무리 자원을 많이 투입해도 더 이상 빨라질 수 없다고 시사한다.

현장에서 여러 작업이 동시에 함께 이루어지면, 그중에서 일찍 끝나면서 시간적 여유가 있는 작업이 있기 마련이다. 그러나 순차적인 작업순서에 위치하여 단축할 수 없는 공사 일정을 "주요공정(CP, Critical Path)"이라고 한다. 보통 공사 기간은 이 주요공정을 기반으로 하게 된다. 주요공정에 놓인 공사를 단축할 때는 '돌관'이라는 극약처방이 있어야 한다. 그렇지 않으면 순차적으로 해야 할 공사마저 중첩해서 병렬적으로 진행하는 방법이 있다. 이것이 가능하다면 다행히도 처음에 공정을 잘못 계획한 부분에서 여유 기간을 찾아냈거나, 더 비싼 장비나 기술을 도입하거나 혹은 그동안 새로운 기술이 개발되었기 때문이다. 하지만 공정표를 작성하는 전문 프로그램에서 보면 금방 확인되는 것이, 하나의 주요공정을 단축하면 다른 공정이 주요공정으로 바뀐다는 사실이다. 그래서 주요공정을 단축하는 순간, 우리는 두 개 혹은 세 개의 공으로 저글링을 해야 하는 상황에 놓이게 된다.

한편, 일정은 품질을 충분히 얻을 수 있도록 계획되어야 한다. 작업자들이 지속해서 밤을 새우며 작업을 하게 되면 품질은 거칠어지고 지나친 공사 속도는 안전에 대한 우려를 키운다. 비용을 가장 적게 들이고 마칠 수 있는 공사 기간을 "최적공기"라고 하는데, 우리에게 필요한 것은 품질은 원하는 수준이 되면서 이 "최적공기"를 지키는 것이다. 이론적으로 주요공정(CP)은 최적공기와 일치한다.

앞에서 보듯이, 지금까지의 공사 일정은 처음부터 결론에 맞춘 일정이었기 때문이다. 그러나 이것이 오히려 시공사에는 면죄부가 될 수 있었다. 한 번 권위를 잃은 일정은 좀처럼 다시 권위를 찾기가 어렵다. 원론적으로 외부적 요인이나 예상치 못한 사고가 아니라면, 공사가 지연되는 원인은 대부분 발주자나 시공자에게 있다.

지연되는 공사는 출발부터 불안한 모습을 보인다. 제때 시작을 못 하더라도 준공 시기를 곧바로 수정하는 경우는 많지 않다. 시작을 못 하는 이유는 착수 조건을 갖추지 못했기 때문이다. 공사 착수의 조건은 다음 세 가지를 만족해야 한다.

① 계약이 체결되어야 한다

② 만일 선금을 주기로 했다면, 선금 지급이 완료되어야 한다

③ 시공사가 공사장소인 현장에 접근할 수 있어야 한다

그러나 다양한 이유로 실제 계약서 작성은 미뤄진다. 시공사의 이유보다는 내부적 결재가 까다롭다거나 자금 준비 마련과 같은 발주자로 인한 이유가 더 많다. FTA와 같은 국가 간 계약에서 의회 승인이 지연되듯이 발주자의 조직 내에서도 비슷한 사정이 발생하기 때문이다. 그리고 부동산 거래에서 흔히 볼 수 있듯이, 인허가와 관련된 행정적이거나, 보상과 같이 문제로 거주민의 이전이나 철거가 되지 않은 경우와 사업 민원 같은 이유도 있고, 접근로 개설이 필요하거나 침수와 같은 자연적인 이유도 있다.

어쨌든 착수의 조건은 대부분 발주자의 책임에 무게가 쏠려있다. 그래서 해외계약에서는 발주자가 "착수통보서(NTP, Notice to Proceed)"를 발행한다고 계약서에 명시하지만, 국내 계약서에는 이조차 좀처럼 찾아보기 어렵다. 때로 발주자는 은근슬쩍 시공사에 기간을 단축하라고 압박을 가하고 공사가 다 되어갈 때까지 착공을 모호하게 이끌면서 헷갈리게 한다. 그리고 더는 버티기 어려운 상황이 오면 "어? 나는 몰랐어!"라고 말한다.

민원에는 사업 자체의 목적 때문에 발생하는 사업성 민원과 공사로 인

해 발생하는 공사성 민원이 있다. 그러나 현실 세계에서 완전한 흑백은 찾기 어렵듯이 둘 사이엔 항상 그레이 존(Grey Zone)이 발생한다. 사업성 민원이던 성격도 공사가 일단 시작되었으면 공사성 민원의 성격으로 바뀐다. 공사가 시작되기 전까지의 발주자를 대상으로 허상뿐인 사업에 대하여 민원을 제기하던 사람들이 "공사"라는 실체가 발생하면 시공사를 상대하게 되기 때문이다. 공사성 민원이란 것이 공사로 인한 소음이나 분진, 진동 등의 피해, 주민 이동의 방해와 같이 명확할 것 같지만, 그 내면에는 마치 '네가 없었으면 좋겠어!'라는 인허가와 사업 위치 선정에 따른 근본적인 문제가 뒤섞여 있다(완공된 후 그 시설로 인한 혜택을 누리는 것은 그다음의 일이다).

시대적 흐름도 있다. 과거에는 정부를 상대로 민원을 제기하는 것은 언감생심의 일이라고 여겼다. 그러나 한때 국토개발로 보상비가 풀리면서 이를 통해 강남의 부자가 된 자들을 본 일부 사람들은 젖과 꿀이 흐르는 땅을 찾아 민원의 강을 건넜고, 그들이 건너온 통나무 다리를 쓴웃음을 지으며 불태워 버렸다. 그들 중에는 공사 찬성도 있고 반대도 있었다. 그런데 그들로 인해 지역개발로 갈 곳이 없어진 '젠트리피케이션(Gentrification)'의 희생양이 된 사람들은 더욱 오해받게 되었다. 민원의 성격은 이처럼 복잡하게 되어 가고 있고 발주자는 이를 효과적으로 대처하지 못하고 있다. 이에 더해서 정치인들은 이를 기민하게 이용하고 있다. 국회 쪽지 예산의 상당 부분은 지역구 공사에 관한 것이다. 정치가 관여하는 건설사업이 상대에게 유리하게 진행된다면 타격할 방안은 많다.

유적이 발견되었다는 것은 갑작스러운 공사 지연의 타당한 이유가 될까? 하지만 대부분은 넓은 구간 중에 일부분에서 발견되는 정도다. 이것으로 전체가 중단되진 않지만, 유적이 나타난 범위와 중요성에 따라 완공에 영향을 미칠 수 있다. 부분적이라고 하지만, 암달의 법칙을 다시 생각해보자. 이것은 동시에 작업할 수 있는 것은 한계가 있다는 것을 의미하고, 그래서 일정단축은 제한적일 수밖에 없다는 것을 의미한다. 그러므로 이런 일이 생기면 처음부터 결말을 예상할 수 있거나, 적어도 갑작스러운 일은 되지 못한다.

또 하나, 공사 중에 작업이 자꾸 중단되고 계속해서 진행하지 못하는 것은 공사 일정을 지연시키는 중요한 이유가 된다. 뉴턴은 사물의 속성을 설명하기 위해 관성의 법칙을 설명했지만, 사람들은 이것을 인간 사회의 속성에서도 발견했다. 일이 결정되었으면 작업자들은 오직 작업에만 전념하여 진행될 수 있도록 해야 한다. 그런데 여기에 자꾸 브레이크를 걸거나 변경하는 상황이 발생하면 이후로는 섣불리 작업 진행이 어려워진다. 그리고 정상 속도이든 느린 속도이든 앞으로만 나아갔다면 공정에 입는 타격은 크지 않다. 하지만 어떤 이유든 뒤로 가는 일이 있다면 그것이 주요 공정(Critical Path)인가 아닌가와 관계없이 전체적인 공사 분위기를 망치고 일정을 늦추게 한다. 중단되었다가 다시 이어가게 하는 것은 넘어졌다가 다시 달리는 일이다. 이 현상은 특히 마감 공사나 여러 작업이 동시에 이루어질 때 많이 나타난다. 현장 관리 능력이 부족하거나 현장에 대한 애착이 적기 때문이다. 그러나 발주자의 결정이 늦거나 갑작스럽게 생각이 바뀌는 경우도 자주 있다. 기간 연장 사유에 대한 분쟁이 붙으면 항상 발주자가 땀을 흘리는 이유다.

03
—
관리 없는 공사는 실패한다

공사를 발주하려면 어떤 건설회사와 계약해야 하나? 그것이 단순한 공사라면 각 해당 공사에 맞는 전문공사와 계약하고, 신축(新築)공사와 같이 여러 공사가 함께 이루어지는 공사라면 종합건설업체와 계약을 해야 한다5). 그런데 종합건설업체도 자기가 직접 공사를 할 수 있는 것이 아니라 공사별로 다시 전문공사업체들에 하도급으로 발주해야 한다. 결국, 모든 공사는 해당 공사별로 전문공사업체가 시공하게 되는 것이다. 전문공사란 철근 콘크리트, 방수, 상하수도, 도로포장과 같은 것을 말한다. 전문적인 공사를 해당 전문공사업체가 시공하는 것은 아주 당연해 보인다. 그런데, 우리는 왜 종합건설업체와 계약해야 할까? 신축공사에서도 공사종류마다 따로 발주하면 어떨까? 중간 상인을 통하

5) 한국이 일본의 건설산업 구조를 따라 하는 것이 분명한 것이 바로 이 종합건설업 제도이다. 일본에서는 '제네콘(Genecon, General Construction)'이라고 부른다. 1976년 도입된 이 제도는, 건설사업기본법에서 종합건설업과 전문건설업을 구분하고 있다.

지 않고 직접 구매를 하는 방식을 취하자는 것이다.

이 훌륭한 생각은 한때 EPCM(Engineering, Procument & CM)을 가져오자는 주장을 불러일으켰다. 해외[6]에서는 종합건설업을 법제화하고 있지 않다. 하지만 하도급사를 고용하고 턴키 혹은 EPC 도급사로 계약하는 것은 국내와 비슷하다. 때로 공사 규모가 클 때나 엔지니어링사가 공사를 이끌게 되면 설계와 다른 사항은 모두 맡더라도 시공은 공사 종류별로 발주자가 직접 고용하도록 하고, 그는 발주자를 대신하여 시공사들을 관리한다. 그리고 설계(Engineering)와 구매(Procurement)는 같지만, 시공(Construction)과 시공관리(CM)는 다르다고 말한다. 이것이 또 종합건설업의 도급계약과 무엇이 다른가?

> [6] 이 책에서 해외 혹은 해외에서의 공사는 유럽과 미국, 그리고 그들의 시스템을 따르는 지역을 의미한다. 중동이나 인도 등 발주자의 직원들은 상당수가 유럽이나 미국에서 유학하여 그들의 방식을 따른다. 동남아 지역은 일부 이에 저항하는 모습을 보이나 역시 그들의 영향력에서 크게 벗어나지 못하고 있다. 그러나 일본과, 그를 따라 해 온 한국은 세계 건설산업에서 갈라파고스적인 행보를 이어왔다.

이 질문에 답을 하자면 우선 건설업이 제조업인지 서비스업인지에 대한 것부터 생각해야 한다. 산업은 1940년대부터 클라크(Colin Grant Clark)에 의해 제조업은 2차 산업, 서비스업은 3차 산업으로 구분되어 왔다. 그 기준은 생산 설비였다. 만일 반도체나 자동차 회사가 파산하면 채권자들은 판매되지 않은 제품들을 포함해서 그의 생산 공장과 설비를 압류할 것이다. 그러나 프랜차이즈 식당과 같은 회사가 파산하면 채권자들은 별로 압류할 것이 없다. 은행은 자기 자본율 8% 달성을 요구하는 목소리에 미소로 응답하고 있다. 건설업체가 파산한다면? 장비를 보유하고 있다면 압류할 것이 있지만 종합건설업체는 그것조차 보유하고 있지 않다. 채권자들은 기껏 그들의 본사에서 사무실 책상이나 압류하고 가슴을 칠 것이다. 실제로 건설사가 파산하면 직원 외에는 아무것도 없다. 채권자들은 각 현장의 권리를 압류할 수 있지만, 그것은 생산 설비도 아니고 건설사의 소유가 아니어서 현장에서 고분고분 작업을 진행하며 수금한 기성금을 내놓을 때의 일이다. 결론적으로 건설업은 유형자산보다는 무형자산의 가치가 중심이고, 클라크의 분류에서는 제조업도, 서비스업도 아니다. 호프만(Walter Hoffmann)의 분류에 따른다고 해도 건설업은 소비재나 생산재 산업으로 한정 지을 수 없다.

한 가지 확실한 사실은 시공에 관한 한, 건설업은 그 자체가 목적이 아니라 다른 산업이나 소비자를 위한 서비스업이며, 제조를 통해 서비스를 제공한다.

생산재 산업인 제조업에는 작업자의 기능도 중요하지만, 실질적으로는 생산 관리자가 있어 품질과 정체성을 부여한다. 서비스업에도 관리자가 필요하지만, 품질과 정체성은 소비자와 접촉하는 접점에서 발현된다. 그러면 건설업은 어디에서 그것이 실현되는가?

종합건설업자는 대체로 전문건설업자보다 규모가 크고, 대형 건설사에 근무하는 직원들은 명문 대학을 나온 엘리트이지만 그들은 직접 공사를 하지 않는다. 공사가 착수되면 도급사는 토목, 건축, 방수와 같이 각각의 하도급사가 작성한 공사 계획을 갖고 온다. 문서로 제출할 때는 하도급사의 계획서에 자신의 표지만 올릴 뿐이다. 우리는 누구의 계획을 듣고 있는 것인가? 종합건설사와 계약하는 것이 그들의 브랜드 때문이라면 한국에는 브랜드와 상관없는 종합건설업체가 11,000개가 넘는다. 아파트라면 다르겠지만, 내 호텔에, 내 상가에, 내 공장에 건설사의 브랜드나 이름을 붙일 이유는 없다. 그리고, 그들도 시공사인 만큼 항상 발주자의 의도대로 따르진 않는다. 오직 비용을 제대로 치를 때만 발주자의 비위를 맞춰준다.

결과적으로 도급사는 발주자와의 '계약적인 이행책임'을 담당하고 있다. 그러나 EPCM은 공사 이행과 하자 책임을 직접 보증하지 않는다. 이것이 일반 종합건설업체와 EPCM을 하는 건설사업관리자 사이에 존재하는 가장 큰 차이다. 책임을 중요하게 생각하는 것은 당연하다. 하지만 언제나 법에 따라 심판받는 것이나 공공기관의 위세를 단발성 발주에 끝나는 작은 민간 공사 발주자가 그들을 따라간다는 것은 쉽지 않다. 법의 심판을 받기 위해서는 시간과 비용이 필요하고 무엇보다 법률뿐만 아니라 기술적 지식도 확보되어야 한다. 공공기관은 계속되는 발주 능력을 갖췄을 뿐만 아니라 국가계약법이나 지방계약법이라는 계약법으로 무장되어 있다.

그럼에도 시공(Construction)과 시공관리(Construction Management)가 모두 건설사업 관리를 목적으로 한다는 것은 여전히 같은 선상에 남아 있다. 그들의 연결고리는 "관리"다. 전자는 '제어(Control)'에, 후자는 '운영관리(Managment)'에 무게를 둔다.

한편, 하도급으로 시행하면서 발주자는 대리인 문제(Agent Problem)와 마주하게 된다. 현장에서 진행되는 일을 모두 확인할 수가 없다. 그러나 종합건설업자와 하도급사는 그들과 수많은 전투를 함께 해 온 전우들이다. 하도급사를 동등하게 대우하자는 분위기가 일었을 때 그들을 "협력업체"라고 부르기를 꺼리지 않았다. 그들은 정기적인 평가를 통해 다음 전투에 함께 나갈 동지들을 선별하고, 만일 한 현장에서 문제가 되면 그와 일하는 다른 현장에서 해결방안을 찾을 수도 있다. 종합건설업체에서 퇴직한 사람이 협력업체에서 일하는 것은 흔한 경우다. 상위권이 아니라 나머지 99%의 종합건설업체들도 마찬가지다. 그들은 여전히 발주 권한을 갖고 있고, 언젠가는 둘은 다시 같이 일하게 될 것이다.

이에 반해 감리자는, 다르다. 물론 그들도 건설사에서 근무했던 직원들과 일부 함께 하고 있으나 그들은 이제 순수 서비스만 제공한다. 그들은 그림자에 불과하게 여겨진다. 그들은 시공사에 직접 영향을 줄 수 있는 것이 아무것도 없을 뿐만 아니라 회사의 다른 한쪽은 시공사의 영향 아래에 있기도 하다. 계약적으로도 시공사는 그를 지나쳐 발주자와 직접 협상이 가능하다. 감리의 역할은 법에서 규정하고 있지만, 여전히 우리 머릿속에는 "법은 멀고 현실은 가깝다"라고 외치는 망령이 살고 있다. 그리고 한국에는 "서비스"란 개념에 대해 또 다른 관념이 존재한다.

한편, 정부에서는 "하도급거래 공정화에 관한 법률(일명 하도급법)"을 통해 하도급사를 별도로 보호한다. 이 법으로 인하여 도급사와 하도급사의 관계는 발주자와 도급사와의 관계와는 조금 다른 성격을 갖게 된다[7]. 그 하도급사조차도 때로는 재하도급을 한다. 이렇게 직영이든 재하도급이든 그들은 철근 작업반, 콘크리트 작업반, 거푸집을 맡은 목공반과 같은 단위 작업반을 고용하고, 공사는 결과적으로 그들에 의해 진행된다. 하지만 소대 내에 분대장이 있는 것처럼 그들은 장교가 아닌 병사가 이끄는 조직이다. 군(軍) 전략이 장교 단위의 부대를 기준으로 진행되듯이, 전략적 진행은 그 이전까지다.

건설업은 공사가 아니라 관리를 하는 사업이다

지금까지 EPCM이 국내에서 성공할 수 없었던 또 하나의 이유는, 해외에서는 CM[8]의 역할이 발주자와 시공사의 계약이나 시방서에서도 명시되고 일은 철저히 계약 관계에서 이루어지는 것에 비해, 국내에서는 계약과는 별도로 이루어지는 관행이 더 중요하고 지시는 구두로 이루어지며 일의 결정은 별도 라인에서 정리되기 때문이다. 결과적으로 국내에서는 CM이 배제된 채 이루어져 왔다. 우리의 계약서는 표준계약서에 의존하고 다른 기관에서 발급한 인증서와 산발적인 종이 몇 장으로 채워질 뿐이다. 선진국일수록 법대로만 시행하면 문제가 없다고 하지만, 우리를 포함한 많은 국가는 아직 여러 면에서 그 아래에 머무르고 있다.

현장에서 작업하는 것은 도급사가 아니라 작업반이다. 하지만 공사란 그들의 작업이 아니라, 보통 월간이나 주간으로 현장 회의에서 다루어지는, 전략적인 차원의 단위를 말한다. 우리가 얘기하는 건설사업의 품질은 작업반의 인부에게서 실현되는 것이 아니라 공사가 이루어지고 그 결과를 발주자에게 확인받을 때 비로소 실현된다. 발주자의 직원들이 소위 '1군'이라 말하는 대형 건설사들과 일하는 것을 선호하는 것은 그들은 관리가 필요한 상황에서 문제를 해결할 능력과 현장을 관리할 능력을 갖췄기 때문이다. 그래서 오늘날 건설업은 '공사를 하는' 사업이 아니라 '관리를 하는' 사업이라고 말한다. 이를 볼 때 건설사업은 제조가 아니라 서비스 사업에 가깝다. 이런 이유로 '식스 시그마'는 건설업에서는 정착될 수 없었다[9].

9) 식스 시그마(Six Sigma)는 불량률을 최대한 낮추기 위한 품질 혁신 운동이다. 시그마는 통계학에서 오차 범위를 의미하며, 6번의 시그마 축소를 통한 99.99966퍼센트의 완벽성을 추구한다. 제조업에서 폭넓게 시행되어 우리나라 몇몇 건설회사들이 도입하였으나 그 효과는 미미했다.

수학적 사고 없이 계산에만 열중하는 학생의 성적은 늘 한계가 있듯이(이것은 열심히 하는 것과는 상관 없다), 관리 없이 공사만 치중하는 것은 한계를 맞이한다. 건설의 결과물은 하나의 제품이 내 손에 들어오는 크기가 아니다. 내 집을 짓거나 수도를 수리하는 공사는 나 혼자만의 관리역량으로도 충분하여 집을 몇 채 지어본 사람이라면 건축 일 자체가 별 것 아닌 것처럼 보일 것이다. 그러나 작업으로 이루어진 수준을 넘어 공사로 이루어진 상황이 되면 관리 방법은 달라진다. 흔한 건설사업의 실패는 이 과정에서 발생한다. 관리가 아닌 공사에 초점을 맞추기 때문이다.

① 분리발주와 부대공사

일반적인 건설공사를 할 때 전기공사와 정보통신공사, 소방공사, 그리고 전문 26개 공사는 따로 발주해야 한다. 이것은 건설산업기본법과 해당 법규에서 그렇게 규정하기 때문이다. 그런데, 리모델링을 할 때 약간의 전기 배선을 하거나 상하수도 공사를 하면서도 약간의 도로포장이 필요한 때도 있다. 이때도 둘을 따로 발주해야 하는가?

결론적으로 말하자면 규모와 내용에 따라서다. 우선 건물의 벽체를 해체하고 새로 세우는 과정에서 소요되는 작은 배선 공사를 따로 떼어 발주한다고 해도 그것 때문에 공사하러 올 전기공사업체는 거의 없다는 현실적인 문제다. 그러나 그 벽이 산업단지 울타리 공사이고 전기 배선은 그에 따른 야간 투광등 설치와 같이 규모가 크다면 얘기가 다르다. 상수도 공사역시 수십 미터 떨어진 외진 집에 수도를 넣기 위해 포장을 제거하고 배관 공사를 한 뒤에 포장하는 경우에는 간단한 보수로 마친다. 그러나 신도시 개발에서 발생하는 상수도 공사의 포장 복구는 상황이 다르다. 전자는 부대공사이고 후자는 분리발주다. 이처럼 공사의 주요 내용이 무엇이고 규모가 얼마나 되느냐에 따라 부대공사와 분리발주의 구분을 가른다. 발주를 할 때, 낙찰한 업체가 인테리어 면허를 가졌더라도 배선을 할 수 있고 상수도 공사가 포장을 할 수도 있다. 그들이 할 수 있으면 직접 할 것이고, 그들이 장비가 없거나 하기 어려우면 다시 발주를 줄 것이다(이때 이론적으로는 발주자가 간접비를 더 지급하게 된다).

그런데 분리발주를 해야 하는데 부대공사로 보고 함께 발주하는 경우, 현실적으로는 해당 공사종류에 있는 업체가 그들에게 참여 기회가 박탈당했다는 사실을 알고 그가 고발 조치를 하지 않으면, 행정적으로 이를 위반이라고 할 수 있는 기준이 없다. 가끔 조직이나 내부적 규정은 있더라도 법률적 금액 기준이 없기 때문이다. 이런 점에서 분리발주 규정은 해당 공사 면허를 가진 업체들의 이권을 보호하기 위한 장치일 뿐이란 느낌을 지울 수가 없다.

② 하도급 단위와 작업반 단위

생명체는 세포로 이루어져 있고 세포는 개별적으로 영양을 흡수하고 성장한다. 하나의 세포는 다른 세포들과 연관하여 하나의 기능 조직을 구성하기도 하고 독립적으로 살아가기도 한다. 생물의 특성을 띠는 것은 스스로 생존역량을 발휘하는 세포 단위나 이들의 집합인 '기능 조직'이다. 스스로 역량을 발휘한다는 것은 스스로 생존할 판단 기능을 가진다는 것이다. 현장의 조직은 생명체를 닮아있다.

하도급사는 직영이 되었건 외주가 되었건 작업반을 운영하여 공사를 진행한다. 현장의 특색은 작업반에서 시작된다. 작업반 역시 독립단위가 될 수도 있고 기능 조직일 수도 있다. 작업반에는 이를 이끄는 반장(Foreman)

이 있고, 기능 조직에서는 이를 다시 세분화하여 무리를 이끄는 반장이 있는데, 이를 십장(什長)이라고 부른다. '십(什)'이란 열 명 단위(반드시 열 명은 아니더라도)를 의미한다. 이들 모두 현장에서는 반장님이라고 부르는데, 이는 한 명이 관리할 수 있는 범위를 두기 위한 것이다. 현실적으로 이들 작업반의 역량에 따라 현장의 작업속도와 품질은 달라진다. 노련한 경험자가 많은 작업반의 작업속도와 품질은 당연히 뛰어나다. 하도급사의 역량은 얼마나 우수한 작업반을 운영하느냐에 달려 있다. 그리고 우수한 작업반을 데려오는 것은 하도급사의 재량이다.

하도급사의 대리인이나 작업반이 스스로 판단하고 일을 추진해 나간다면 일의 속도는 정확하고 빨라질 것이다. 그러나 그가 본사나 다른 이의 지시에 얽매이게 되면 그만큼의 트래픽을 경험하게 된다. 하도급사 중에는 소위 실행소장을 고용하여 회사가 계약하고 나면 계약금액 한도에서 본사에 줄 부분과 작업반에게 주고 난 나머지를 그의 수입으로 보장하는 경우도 있다. 이때 그는 그 회사의 차량을 모는 택시운전사다. 작업반장이 독립운영을 한다면 스스로 판단하며 생존역량을 발휘한다. 이때 그는 개인택시를 운영하는 택시운전사다. 하지만 모든 사물은 동전의 양면을 가지고 있어서 그들이 자기의 이익을 더 중요시할 때는 만족스럽지 못한 결과를 가져오게 된다. 전술적으로 강해지기 위해서는 스스로 정확한 판단을 내리고 이들 모두가 건설사업의 성공을 위해 매진할 수 있도록 환경을 조성하는 것이 필요하며, 그 환경을 조성하는 것은 결국 상위 관리조직인 도급사와 발주자가 할 일이다.

③ 제조업의 건설에서 서비스업의 건설로

한 나라의 대통령은 자신이 대형 건설사 대표를 역임했기에 국가 운영을 건설사업으로 보았다. 그가 일하던 당시는 모두 직영공사를 했고 — 그랬기에 대형 건설업만큼 비자금을 만들기가 쉬운 산업은 없었고 — 제조업으로 수행하던 건설만 경험했다. 그땐 모두 사각형 아파트를 지었고 고속전철 건설 같은 것은 외국의 설계사와 감리자에게 맡겼으며, 우리는 그저 시공만 했다. 그래서 그는 국내 공사에서는 최저가 입찰제만 고집했다. 어차피 누구나 할 수 있는 공사를 하는 것이니 가장 싸게 부르는 업체와 계약하면 되는 것으로 생각했으니 말이다.

하지만 이제는 국제표준인 ISO가 건설에 도입되었고 우리의 힘으로 발전소를 짓고 있으며, 빌딩조차 단순 건물을 고집하지 않는다. 고객인 발주자는 새롭고 차별적인 건물을 원한다. 63빌딩과 삼성동 무역센터와 싱가폴의 마리나베이 샌즈 호텔은 그런 배경에서 탄생했다. 단순한 결과물만 원하던 발주자는 이제 미리 시공사의 공사 계획을 듣기를 원하고 적극적으로 자기의 의견이 반영되기를 기대한다.

건설을 제조로만 생각한다면 이것은 생산자 중심이 될 수밖에 없다. 그러나 이제는 발주자 의도를 정확히 반영하여 발주자가 원하는 시설을 지어야 한다. 건설은 기성품(ready-made)이 아니라 주문 생산품(order-made)이기 때문이다.

04

현장 없는 관리는 실패한다

프로젝트는 반드시 시작과 끝이 있는 한시적인 사업이다[10]. 회사의 조직에는 각 프로젝트를 관장하는 사람이 있어 그를 "피엠(PM, Project Manager)"이라고 부른다. 조직은 그에게 최종 의사결정권보다는 중간 의사결정권을 부여하는데, 회사는 한시적이 아니라 영속적이기 때문이다. 프로젝트는 규모가 커질수록 여러 회사와 관계자들이 관여할 뿐만 아니라 프로젝트의 직접 수행 여부와 관계없이 진행에 영향을 주는 사람들이 존재하게 되는데, 이들을 우리는 "이해관계자(Stakeholder)"라고 부른다. 프로젝트는 PM에 의해 색깔을 띠게 되고, 그는 제한된 권한으로 이들을 경청하고 때론 맞서면서 프로젝트를 진행하고자 분투한다.

10) 프로젝트관리의 지침서인 "PMBOK Guide"에서는 프로젝트는 반드시 끝나는 시점과 결과물이 있어야 한다고 정의하고 있다. 이 정의에 따르면 '사무실 이사' 같은 것도 프로젝트라고 할 수 있다.

건설사업은 하나의 큰 프로젝트다. 투자자와 발주자는 계획단계에서부터 함께 하지만 시공사는 실행단계에서 참여하게 된다. 투자자와 발주자에게 건설사업은 계획과 실행에 이어 운영까지 이어가는 기나긴 여정의 한 구간이지만, 시공사엔 입찰 당시의 검토 기간을 제외하고는 공사 기간 정도가 프로젝트 생명의 전부로 인식된다. 대략 하나의 건설 프로젝트가 이루어지기 위해서 계획은 건설 기간의 약 2~4배, 운영은 최소 20~50배에 이르는 시간이 소요된다. 하지만 시설 비용의 절반은 건설비용에 소요된다. 설계나 감리비용은 둘을 합쳐 기껏해야 공사비의 5~10퍼센트다. 운영비용은 감가상각을 제외하면 통상 연평균 5~20퍼센트 수준이다[11]. 이 책에서 말하는 건설 비용의 비율은 경험상 나온 것으로 사업별 특성에 따라 차이는 있으며, 계획을 수립할 때 방향성을 시사하고 실제 사업이 추진될 때 참고하기 위함이다. 하지만 이보다 낮을 때는 너무 저렴한 것은 아닌지, 보다 높을 때는 너무 지나친 금액은 아닌지 세부적으로 확인해야 한다. 그리고 건설단계는 가장 많은 이해관계자가 관여하는 시기다. 발주자는 발주자의 PM이 있고 시공사는 시공사의 PM이 있다. 발주자의 PM은 발주자의 권익의 관점에서 문제를 바라보고, 시공사의 현장대리인은 시공사의 입장을 대변한다[12]. 하지만 발주자와 시공사가 협력 없이 서로 대립만 하고 있다면 건설 기간 타고

11) 백억 원 이하도 3% 이하, 때에 따라서는 7% 이상이 될 수도 있다. 이 책에서 말하는 숫자는 경험상 나온 것으로 사업별 특성에 따라 차이는 있으며, 계획을 수립할 때 방향성을 시사하기 위해서일 뿐 실제 사업이 추진될 때 참고하기 위함이다. 하지만 이보다 낮을 때는 너무 저렴한 것은 아닌지, 보다 높을 때는 너무 지나친 금액은 아닌지 개별적으로 원인을 확인해야 한다.

12) 현장대리인과 현장소장은 반드시 동일한 것이 아니다. 현장대리인은 법에서 요구하는 일정 자격을 갖추어야 하나, 가끔 대리인과 별도로 소장을 두기도 한다. 법에서는 건설기술자를 배치를 요구하지 두 사람이 반드시 동일해야 한다고 요구하고 있지 않다. 누가 대표자(Representative)가 되어야 할까?

가야 할 운명공동체란 배는 반드시 타이타닉의 뒤를 따를 것이다.

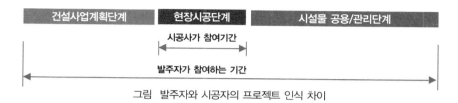

그림 발주자와 시공자의 프로젝트 인식 차이

한편, 품질은 발주자에게도 중요하지만, 시설이 사회에 미치는 영향을 고려할 때 반드시 요구되는 수준이 있다. 그래서 '감리'란 제도가 있다. 그는 발주자와 시공사의 균형을 잡는 역할을 하며 또 하나의 이해관계자로 부상한다. 그러나 '책임감리'와 같은 배경은 그에게 법적 의무에 더욱 충실하도록 요구해 왔다. 그렇지만 법적인 요건만을 충족하여 성공하는 사업이 없듯이 책임감리가 사업의 성공과 직접 연관 짓기는 어렵다. 우선, 공사 기간의 단축이 감리에게 전혀 이로울 것이 없다. 기간이 연기되면 감리의 근무 기간은 연장되고 매출은 늘어난다. 그러나 건물 규모가 커지거나 구조 변경이 그에게 주는 이점은 없다. 공사 단계에서의 비용 절감은 그의 의무가 아닐 뿐만 아니라 오히려 그 과정에서 예상치 못했던 착오가 발생하여 그에게 돌아오는 책임을 생각한다면 결코 즐거운 일이 아니다.

현장관리가 사무실에서 이루어진다면

건설 현장은 공간 제한적이다. 때로는 주요 자재가 해외에서 제작되어 들어오고 자재 보관소가 현장에서 떨어진 곳에 있기도 하다. 도로나 터널, 교량 등 선형이나 산업단지 개발과 같이 규모가 크면 두 개 이상의 행정구역에 걸쳐 이루어지기도 한다. 바다의 배타적 경제 수역의 경계선(EEZ)은 우리 국토 경계보다 멀리 있고 협정을 통해 경제 영토를 넓히고 있다 해도 대한민국이라는 영토는 한계가 있는 것처럼, 현장의 범위는 어떠한 형태로든 물리적으로 제한된다. 그리고 현장은 모든 문제의 근원을 가진 장소다.

"로카르의 법칙(Locard's Principle)"은 범죄가 발생한 현장에서는 눈에 띄는 증거보다는 미세한 흔적을 찾아야 과학수사가 가능하다는 것을 설명한다. 모든 문제는 현장에서 발생하고 그곳에서 해결책을 찾아낼 수 있다. 그러므로 현실적으로 그 현장의 문제를 가장 잘 이해하고 해결할 수 있는 사람은 늘 현장과 접하는 전문가다. 그래서 사마양저는 전쟁에 나가 있는 장군은 군주의 명령이라도 듣지 않을 수 있다고 하였다[13]. 이순신 장군이 선조의 명을 듣고 왜군의 부산 본거지를 공격했다면 그 역시 원균의 참상을 피하지 못했을 것이

13) 이 말은 사마천의 사기(史記)에서 나온다. 중국에는 주나라의 강태공 이래로 정부에서 편찬한 병서가 있었는데, 이를 사마양저가 '사마병법'으로 발전시켰다. 여기의 '인본(仁本)'편에는 "정치적인 방법으로 목적에 도달할 수 없을 때 전쟁에 호소한다"는 클라우제비츠의 『전쟁론』과 같은 내용이 있고, '천자지의(天子之義)' 편에서는 "국가를 경영하는 방식으로 군대를 지휘하지 말고, 군대를 통솔하는 방식으로 국가를 통치하지 말라"(『사마병법』홍익출판사, 이병호 옮김, 참조)는 내용이 있다. 전자는 프로젝트 운영과 관련되고, 후자는 회사 운영에 대하여 참고할만하다.

다. 하지만 선조는 사마양저의 말을 이해하지 못했다.

오늘날은 현장과 실시간 통신이 가능하다. 사무실에서는 CCTV를 통해 현장을 내려다보고 있다. 교통수단의 발달은 원할 때마다 자기 시간만 허락한다면 언제든지 현장 방문이 가능하게 한다. 그러나 CCTV는 보여주는 것 이외에는 볼 수가 없다. 소통과 판단은 언어적 요소보다 비언어적 요소가 대부분을 차지한다14). 그는 곁눈질로 현장을 살펴보며 모든 것을 안다고 생각할 것이다. 그리고 선수 선발을 직접 하고 나서 실시간으로 경기를 지켜보며 자기의 지시대로 되지 않을 때는 전화 한 통으로 현장 코치를 해임할 수 있다. 현장의 PM이 무력해지는 순간이다.

14) 레이 버드휘스텔(Ray Birdwhistell)의 연구에서는 표현 수단으로 비언어가 차지하는 비중은 65% 정도에 이른다고 한다. 앨버트 머라비언(Albert Mehrabian) 교수 역시 비언어가 의미 전달의 93%를 차지하고 언어적 요소는 겨우 7%에 불과하다고 한다.

건설공사에 조직력이 있을까

건설공사는 발주자와 시공사, 그리고 감리자가 모여 진행된다. 하나의 조직 내에서도 조직력을 갖추기 어려운데 이율배반15)적인 조직이 모인 건설공사에서 모두가 제 역할을 할 수 있기를 바랄 수 있을까? 도로공사나 주택공사와 같이 여러 부문에서 건설과 운영(비록 내부 조직이 다를지라도)을 함께 하는 공사(公社)들은 기술적으로나 경험적으로 감리나 시공사를 압도한다. 하지만 난생처음으로 건설을 접하거나 신축이나 대규

15) '이율배반(Antinomy)'이라는 단어는 칸트가 『순수이성비판』에서 말한 것으로, 양자가 모두 어떤 면에서는 옳은 경우가 많지만, 드물게는 둘 다 모두 잘못될 때도 있다. '모순(矛盾)'과는 다르다. 전자는 양쪽이 '동등한 자격'인데, 후자는 처음부터 둘 다 모두 성립되지 않는다.

모 리모델링 공사 경험이 많지 않은 발주자에게 기대하는 것은 무리가 있을 것이다. 감리자는 자기의 역할을 충실히 하고 있을까? 외형적으로 감리자에 대한 권한은 높여져 왔지만, 실질적으로는 발주자와 시공사에 치이고 있을 때 그는 현실의 벽을 느낀다. 정상적인 진행이 아니라 발주자 상황이나 임의적인 결정에 따라 공사가 진행될 때 그가 운영할 수 있는 카드는 그다지 많지 않다. 그의 결정권은 서류상에서만 존재할 뿐이다. 검증되지 않은 시공사, 발주자나 감리의 요구를 이해하지 못하는 시공사는 항상 발주자의 기대를 저버린다. 모호하고 변덕스러운 법보다 현실 아래에서는 눈앞에서 지시하는 사람이 권력의 실체다. 그의 전화 한 통으로 발주자의 생각이 바뀌고 현장에 지시된다면 그 사업은 울돌목으로 향하고 있을 것이다. 사업의 성공이 무엇인가는 '누가 이긴 전쟁인가?[16]' 만큼이나 평가하기 어려울 수도 있지만, 계획된 기간과 비용에서 완료되는 사업은 분명 성공적이라고 할 수 있다. 그러나 계획은 발주자가 세우고 기간과 비용은 시공사에 의해 결정되는 공식에서 과연 모두가 제 역할을 하고 있는지는 살펴보아야 할 일이다.

16) 임진왜란은 결론적으로는 조선이 이긴 전쟁이었으나 한국인 중에 그것을 인정하는 사람은 거의 없을 것이다. 반대로 한국인들은 이해하려 않지만 일본도 피해가 컸으며 그것은 백성들의 몫이었다. 6·25 전쟁이나 세계 대전 또한 그러하다. 욕심으로 일어난 전쟁은 패자와 파괴만 남는다. 전쟁이 상처만 남기는 것을 목적으로 하는 것이 아니듯 사업도 일정이 지연되고 비용이 증가하면 원하던 성공이라고 할 수는 없다.

05

비용이 증가하면 실패한다

원가란 발생하고 난 뒤에 수습하는 것이고 예산이란 비용을 미리 가늠하고 역량 한도에서 책정한 것이다. 원가관리란 이 둘 사이에서 일어나는 관계 조율이다. 비용지출은 예산을 벗어나야 하는 일이 없어야 할 것이지만, 불가피하게 예산을 초과할 경우 예산 증액이 따르게 된다. 하지만 잦은 변경은 원가관리가 아니라 출납 장부에 불과하다. 경고음이 울린 위험은 관리의 대상이 되는 동시에 그때 요구되는 것은 대비할 시간이 있는가이다. 그러나 경고음이 울리지 않은 위험은 침묵하고 있는 위태로움이다.

건설비용의 증가는 때로 발주자의 존망마저 위태롭게 하기도 한다. 발주자는 공사금액이 제자리를 지키기 원하지만, 세상사는 좀처럼 혼자만의 뜻대로 되는 것이 없다. 비용이 증가하게 되는 가장 큰 원인은 처음과 다른 공사의 변경에 있다.

많은 경우 변경은 발주자의 요청으로 이루어지지만, 건설의 목적을 잃어버리면 지나치게 된다. 역사적인 사례로 볼 때, 타지마할 묘당을 건축한 무굴제국의 샤 자한이나 홍선대원군의 경우는 원래의 의도와 달리 그 규모와 호화로움이 지나쳤다.

샤 자한은 연인의 시신을 가장 화려한 곳에 안치하기 위해 이 공사를 시작했다. 하얀 순백의 의미는 그녀의 순수함을 표현하였을 것이다. 그러나 무려 22년 동안 순백에 집착하고 유럽과 터키와 아라비아와 중국에서 보석과 대리석과 가장 뛰어난 장인을 모아 꾸미는 동안 엄청난 재물을 소비하였다. 그러자 그의 아들들은 불안감을 느껴 왕자의 난이 일어났고, 마침내 셋째 아들 아우랑제브가 정권을 잡자 아버지를 탑에 가둬버리고 다시는 만나지 않았다.

대원군이 경복궁을 중건을 결심한 이유는 왕실의 위엄을 높여 왕권을 강화하기 위함이었다. 인류는 동서양을 막론하고 권력자는 고인돌부터 피라미드, 성(城)과 궁전을 지어 힘을 과시했다. 그러나 대원군은 운이 나빴을 뿐만 아니라 욕심도 과했다. 시작은 임진왜란 때 불타버린 궁의 중건이었다. 그러나 공사 중에 쌓아둔 값비싼 자재들이 불타버렸고, 초기에 390여 칸[17], 소실 전에도 최대 5,000칸 정도에 불과하던 궁궐은 500여 동, 7,400여 칸으로 커졌다. 기부금으로 시작한 공사

[17] 한 칸은 기둥과 기둥 사이를 말한다

는 당백전을 발행하고 관직을 팔아 부족한 자금을 채웠다. 온갖 무리수를 통해 궁궐은 완공되었지만, 그로 인해 조선은 빚더미에 올라앉았다. 결국, 경술국치로 나라가 무너졌을 때 궁은 다시 대부분 헐리고 조선총독부가 대신 들어섰으며, 결국 지금처럼 텅 비어 버린 듯한 모습이 되었다[18].

그림 타지마할 묘당(좌)과 경복궁(우, 출처:국토지리정보원)

하지만 기술적인 요인이나 시공사의 사정에 의해 비용이 증가하기도 한다. 일반적인 비용 상승은 건축 부문보다는 토목 부문에서 많이 발생한다. 땅속이란 아무리 첨단 장비를 이용하더라도 한계가 있어서 실제로 파보면 많은 것이 설계와 다르기 때문이다. 그래서 가능한 많은 지질조사를 하는 것이 좋지만, 발주자는 대부분 여기에서 절약하려고 한다. 지질조사를 위해 대지에 구멍을 뚫어 보는 작업 (Boring)은 한 공에 수백만 원에 불과하지만, 수 킬로미터의 도로 계획에서도 한두 공 정도로 그친다. 건물이나 플랜트

18) 1868년 고종은 창덕궁에서 경복궁으로 옮겨왔으나, 1896년 아관파천을 계기로 경복궁을 떠나 다시는 돌아오지 않는다. 빚을 지며 공사를 강행했지만, 겨우 30년도 사용하지 못한 것이다. 건설 사업은 함부로 수정되거나 무리한 진행이 되어서는 안 된다. 1868년 일본이 메이지 유신을 단행할 때 조선이 그 자금으로 군대를 양성하고 개혁을 추진했다면 운명이 달라졌을 것이다. 조선총독부를 철거하고 복원 사업을 진행한 덕분에 지금은 10여 동을 볼 수 있으나, 이것이 그가 원하던 결과는 결코 아닐 것이다.

시설의 기울어짐을 막자면 최소한 시설의 양 끝단을 각각 확인하는 것이 필요하다. 이 외에도 지반 문제로 인한 사고와 예상보다 많은 양의 암(岩) 출현이 공사비의 급격한 상승을 유발하기도 한다.

서해안의 어느 공사에서는 제방을 쌓아 매립한 상태에서 지반을 안정시키기 위해 수개월 동안 기다리고 있던 중이었다. 그런데 어느 날 이른 아침, 이백여 미터의 매립 구간이 순식간에 바다로 쓸려나갔다. 사고 시간은 조수 간만의 차이가 최고조에 이르렀을 때였다. 사고 원인은 백미터 간격으로 지질조사를 하였지만, 그 중간에는 예상치 못한 국부적인 연약 지반이 있었고, 제방에는 조수 간만의 차이에서 생기는 '잔류수압'[19]이라고 부르는 역학적 힘에 의한 사고로 추론되었다.

19) 잔류수압(Residual water pressure)이란, 바다의 조석 현상 때문에 해수위는 하루에 두 번씩 오르내리는 것에 비해, 해안에 설치된 항만이나 제방의 '매립 부분'에서는 물이 쉽게 빠져나가지 못하면서 썰물 때 해수위와 매립지의 수위 차이로 인해 발생하는 압력을 말한다. 압력의 작용 방향은 바다쪽이다.

시공사의 출혈 경쟁에 따른 낙찰로 싸게 시작했다가 뒤늦게 비용 상승을 불러일으키는 것은 흔히 접하는 경우다. 누구나 이윤 추구가 목적인 만큼 공사가 진행되며 다양한 방법으로 손해를 만회하기 위한 시도를 한다. 그 주요한 방법이 설계변경이기에 발주자는 이를 거부감을 가지고 바라본다. 이에 대해서는 제4장에서 해결방안을 들여다볼 것이다.

한편으로 시공사의 입장에서 유의할 사항은, 현장 작업은 기상에 많은 영향을 받는다는 것이다. 작업은 하늘이 허락하고 할 수 있을 때 해야 한다. 현장에서 긴장을 늦추는 순간, 문제가 발생한다.

직경 70미터, 깊이 50미터의 원형으로 된 커다란 지하 탱크 바닥에서 이루어지는 공사였다. 그날의 작업은 오전에 청소를 끝내고 오후에 레미콘을 타설하는 것이었다. 그러나 청소와 감리의 검측이 길어지면서 오후 늦게야 콘크리트 작업 준비가 완료되었다. 12월의 날씨는 차가웠고 그때 시작하면 매우 늦은 한밤중에 끝날 것 같았다. 레미콘 타설 작업은 발주자와 감리, 시공사 모두의 동의하에 다음 날 아침으로 연기되었다. 그런데 다음 날 아침, 예보에도 없던 그해의 첫눈이 내렸다. 많지 않은 양이었지만 넓은 면적에 쌓인 눈을 긁어모아 50미터 위로 퍼내는 것은 여러 날이 걸렸다. 청소를 마친 다음 날, 다시 눈이 내렸다. 그 후 며칠마다 폭설이 이어졌고 그 겨울에는 유난히 눈이 자주 내렸다. 눈을 치우고 하루 정도 건조 시간을 가진 후 레미콘을 타설만 하면, 쌓인 눈은 문제 될 것이 없었고, 이어지는 작업은 두 달 가까이 걸리는 철근 배근과 각종 매설물 설치였다. 눈이 와도 지장이 적었다. 그러나 그렇게 며칠 동안 치우고 퍼내면 또다시 눈이 쌓였다. 쌓이면 치우고 다시 쌓이면 치우기가 두 달여 동안 계속되었고, 매일 눈 청소에 수많은 장비와 인원이 동원되었다. 결국, 다음 작업은 이듬해 봄기운이 느껴질 무렵이 되어서야 재개되었다.

어떤 상황이든 공사 중에 변경이 발생하면 발주자가 결코 이득을 볼 수가 없다. 시공사가 손해를 보더라도 변경을 한다면, 그는 발주자에게 기부하고 있거나 아주 자비로운 마음으로 공사에 임하고 있기 때문이요, 그렇지 않다면 그가 어리석은 짓을 하고 있는 것이다. 회사 간의 계약이란, 개인의 연봉 계약과는 달라서 계약이 이루어지면 발주자의 지출이 고정되는 것이 아니라 건설비용이 상승하면 발주자에게 비용 부담을 요구한다. 시공사의 원가가 올라가고 발주자가 보상하지 않는다면, 어느 순간에는 품질 저하나 일정 지연으로 나타난다. 건설비용을 생각할 때 정치적이거나 사회적인 분규와 자연재해, 그리고 예상치 못한 사고와 같은 문제에 대한 대비책은 제6장에서 다루어질 것이다. 민원으로 인해 사업을 시작할 수 없는 상황을 넘기고 나면, 공사 중에 발생하는 민원과 안전과 환경에 대한 규제는 관리해야 할 성격이다.

① 발주자의 비용

공사비와 운영비를 제외하면 발주자의 비용에서 가장 큰 부분은 설계용역비와 감리용역비다. 그 외에 공사 이전 단계에서 필요한 비용은 환경영향평가, 교통영향평가, 지하안전영향평가와 같은 용역 비용, 그리고 건축 인허가 수수료 등이 있는데, 이들은 설계 용역에 포함 시킬 수도 있고 직접 발주자가 시행할 수도 있으며, 공사 내용에 따라 해당하는 부분이 있고 그렇지 않은 부분이 있다. 건설사업의 규모에 따라서 설계 비용은 백억 원 이하의 경우에 공사의 4~6퍼센트, 천억 원 이하의 경우엔 2~4퍼센트, 그 이상의 경우엔 1.5~3퍼센트 정도로 산정한다. 그리고 감리비용도 이와 비슷한 비율로 소요된다.

지하안전영향평가는 지하 개발이 많아지면서 지하수나 지질의 안정에 대한 문제 발생을 사전에 미연에 방지하고자 2018년부터 10미터 이상 땅을 파야 할 때 의무조항으로 하도록 하였고, 공공 공사를 중심으로 최근 에너지 효율과 녹색건축인증과 같이 친환경적인 요소를 요구하는 경향이 커지고 있다. 이런 용역들은 설계단계와 시공 단계를 구분하여 각각 따로 이행하도록 하고 있다. 이런 사항들은 앞으로 점점 많아질 것이다. 과거의 개발 방식이 국가 차원에서 미래에는 오히려 더 큰 부담과 비용으로 작용할 것이고, 한편으로는 이런 용역업무들이 건설업에는 새로운 사업으로 일자리 창출에 기여하고 있기 때문이다.

공사가 완료 단계에서는 상수도나 하수도, 전력과 가스에 관한 시설 분담금으로 구성된다. 이를 영어로는 하나로 묶어 "Utilities"라고 하지만 한국어로는 번역할 단어가 없는 상황이다. 우리도 이런 것을 하나로 부를 수 있는 전문용어가 필요하지 않을까 한다.

이러한 비용들은 설계용역비나 시공사의 비용에 비해 상대적으로 적고 별도 외주나 단순 경비 집행으로 이루어지기에 실비 개념으로 그들 비용에 포함시켜 발주하기도 하는데, 발주자의 행정은 간편해 지지만 설계사나 시공사는 업무처리와 법인세 산출에 영향을 받기 마련이다. 그래서 점차 정부에서는 각 항목을 점차 명시화되고 분리하도록 하여 비용은 투명하게 하고 각 계약 당사자의 의무 이행은 점차 강화하는 방향으로 진행되고 있다.

② 시공사의 비용

시공사의 가장 큰 비중은 공사 비용이다. 내역서는 공사할 내용을 일일이 항목으로 정리하고 항목마다 잘게 잘라서 하나하나 금액으로 적어 놓았지만, 여전히 명시되지 않은 수많은 내용들이 있다.

공사 현장에서 내역서를 말하는 "공사원가계산서"는 기획재정부에서 공시하는 "계약예규"의 내용을 따르고 있다. 이것은 정부에서 발주하는 공공공사를 대상으로 하지만, 국내 공사의 표준으로 받아들여지고 있다. 그리고 각 항목의 설명은 정부에서 계약예규의 '제3절 공사원가계산'에서 상세히 설명하고 있어 항목별 범위 이해에 도움이 된다. 여기에서 "일반관리비"와 "이윤"은 순공사원가에서 분리하고 있는데, 두 항목은 시공사의 본사에 해당하는 내용이기 때문이다. 그리고 건설업의 현장사무실 운영은 일종의 태스크 포스팀(TFT, Task Force Team)처럼 운영되고 '기타 경비'라는 항목에 각종 전력비, 수도광열비, 소모품비 등이 포함된다.

하지만 도급사의 입장에서는 순공사원가에서 "직접"이라고 하는 직접재료비와 직접노무비, 그리고 기계경비는 모두 "외주비"일 뿐이다. 공사원가계산서는 여전히 직영공사를 기준으로 되어있다. 그래서 도급사 직원 급여는 '간접노무비'에 해당한다. 과거에는 '직접공사비'와 '간접공사비'라고 구분하였으나 근래에는 이런 구분조차 찾아보기 어려워졌다. 그리고 수방대책이나 민원대책 비용 같은 것이 여전히 공공연한 비밀처럼 다루어지고 있듯이, 현실과 정부 기준은 여전히 괴리감을 보인다. 따라서 모든 것을 정부 기준에 따를 것이 아니라 민간 발주나 하도급 발주 시에는 각각의 기준을 정하는 것이 필요하다.

③ 설계와 감리의 비용

엔지니어링에 대한 기준은 업무의 종류에 따라 소요되는 인력이나 단가를 개략적으로 제시하고 있으나 산정방법 자체가 명확하게 없다. 두 비용의 핵심은 인력이며, 전문인력과 보조 인력으로 구분된다. 그래서 공공 공사에서는 공사 기간에 대하여 배치가 필요한 공종별 인력의 자격 기준과 인원수를 미리 정해 놓고 발주하기도 한다.

엔지니어는 전문가다. 다른 전문가의 예를 보면, 자문이나 소요 시간에 따른 단가를 청구(Time Charge)하는 방식을 많이 따르고 있다. 변호사와 상담하면 한 사건 전담에 따른 계약금액을 정하기도 하지만, 시간별 업무 내용(Time Sheet)를 작성하고 청구하기도 한다. 여기에는 이동 시간과, 식사나 차량 이용(주로 도시 간 이동에 대한 비용) 등에 대한 별도의 경비 청구도 포함된다. 이것이 엔지니어에게도 적용이 되려면 무엇보다 엔지니어는 발주자가 인정할 수 있도록 업무 기록(Time Sheet)를 투명하고 솔직하게 작성하고, 발주자는 엔지니어를 신뢰하여야 한다. 해외에서는 대부분의 전문 영역에서 고루 사용되고 있지만, 한국에서는 이 방식이 엔지니어링 분야에서만큼은 그다지 활성화되고 있지 못하다. 이 방식이 통용될 때 엔지니어링은 전문가로 인정받고 발주자에게서 신뢰받는 분야가 될 것이다.

06
___
불량과 사고, 누가 책임질 것인가

한 외국 호텔의 여자 화장실 천장에서 텍스가 떨어져서 손님이 머리를 다쳤다. 그 호텔은 한국의 건설사가 공사하였는데, 그들은 이미 한국으로 철수한 뒤였다. 그 손님은 호텔에 치료비용을 청구했다. 호텔은 손님에게 사과했지만, 생각하면 억울하다. 어떻게 처리해야 할까? 얼마 전에 개통한 고속도로 도로 표면에 흠이 있어 운전하던 차량의 바퀴가 틀어지며 바퀴 축이 휘어 버렸다. 그는 보험사에 손해를 청구했고 보험사는 그에게 보험금을 지급한 뒤에 운영자인 도로공사에 그 비용을 청구했다. 이것이 도로공사의 책임인가?

공사가 끝나면 건축인허가를 발급해준 인허가 기관은 준공검사를 한다. 그들이 확인하는 것은 '적법하게 공사가 되었는가' 이고 검사는 하루, 혹은 한나절에 끝난다. 창문이 잘 닫히지 않거나 손잡이가 반대로 되어있거나 온수와 냉수가 반대로 되어있는 것을 굳이 확인하는 것은 아니다. 도대체 적법하다는 것은 내가 사용하는 데 불편함이 없는가는 관심을 두지 않는다. 결국, 아쉬운 부분이 있다면 준공이 되기 전에 완료하도록 요청하는 것은 발주자와 감리의 몫이다[20].

20) 공사완료 전에 혹은 준공검사를 통하여 미흡한 부분에 대해 체크리스트를 작성하는데, 이를 '펀치 리스트(Punch List)' 혹은 '디펙트 리스트(Defect List)'라고 부른다. 양 당사자 간 합의되지 못한 내용은 아웃스탠딩 리스트(Outstanding List)를 별도로 만들어 합의점을 찾거나 대안을 마련하는 방향으로 이끌어야 한다. 그러나 기능과 적법성에 문제가 없는 이상 발주자는 무조건 인수를 거부할 수가 없다. 감리의 역할은 어디까지인가?

이제 공사도 끝났다. 하자란 공사에서 설계와 맞지 않은 부분에서 발생한 문제들이다. 꼼꼼한 품질검사에서도 놓치는 부분이 생기듯이 며칠을 돌아다녀도 눈으로는 확인되지 않는 것도 많고 넓은 구역에서 작은 흠은 발견되기 어렵다. 그러나 그런 작은 불량이 사람에게 상해를 주기도 하고 심지어 큰 사고로 이어지기도 한다.

건설회사에서 기부받은 교내 건물이 십 년도 되지 않아 4개 층 내부에 균열과 처짐이 생기기 시작하면서 2층에서 6층까지 돌출된 전면부가 앞으로 기울었다. 1층에 이를 받치는 기둥이 없는 탓이었다. 실내 바닥의 물은 건물 전면부 창가로 흐르고, 교수님들은 책상을 창가 쪽에 두지 못했다. 최근에는 완공된 지 4개월 된 시드니의 33층짜리 아파트가 '쩍' 소리를 내며 여러 층에 걸친 벽체에 균열이 발생하여 입주민들과 인근 주민들이 긴급하게 대피하는 일이 있었다.

우리 말로는 똑같이 "품질보증"으로 해석되지만, Warranty와 Guaranty는 차이가 있다. 전자는 '제조자가 품질을 보증'하는 것이고 후자는 '남이 품질을 보증'하는 것이다. 건설공사의 하자보증은 후자다. 그래서 보증회사가 발행한 보증서(Bond)로 대체하고 하자보증은 보증금 한도 내에서 발생하는 피해보상에 대하여 책임을 진다. 이것으로 인해 "책임한도"란 것이 존재한다. 하자보증 기간 내에 누수와 같은 하자는 시공사에 청구하지만, 때로는 시공사가 하자 보수를 미루다가 하자 보증기간 만료 직전에 보수하거나, 하자 보수 이후에도 같은 원인으로 하자가 발생할 때는 해결이 곤란해진다. 그리고, 하자보증을 훨씬 넘는 피해는 어떻게 해야 할까?

한국의 회사가 해외 공사를 하면 현지의 보험사를 통해 보험에 가입하지만 이를 한국의 보험사가 프론팅 계약(Fronting)을 통해 다시 인수한다. 그래서 일반적으로 해외 공사에서 발생하는 문제도 결국은 한국의 시공사에 돌아온다. 그렇게 배상한 보험사는 이후에 자동차 보험료를 인상하듯이 보험가입자의 보험료를 인상하거나 보험가입자가 아닌 그 사고원인 제공자에게 다시 그 손해를 청구[21]함으로써 피해액을 상충하기 때문이다. "제조물 책임법"과 같은 법도 소비자와 사용자의 피해를 보호하고 있다. 스마트폰의 배터리가 폭발하여 피해를 보았다면 보험(Product Liability Insurance)이나 직접 피해를 보상 하게 되어있다. 한국의 법률은 당사자 간의 계약이나 합의에도 상관없이 법을 위반한 경우는 그 계약 자체가 무효가 된다고 선언하고 있다. 자주 볼 수 있는 차량 리콜이 그중 하나다.

21) 이를 대위권(代位權, Subrogation)이라고 한다. 흔히 말하는 구상권(求償權)은 대위권의 한 종류다. 이것은 피해자를 대신하여 그의 권한을 사용하는 것이며, 보험사는 이를 활용하여 손해원인자에게 피해액을 부담시켜 보험사의 비용을 줄이고, 그로 인해 보험가입자의 부담을 낮출 수 있게 된다.

그러나 하자 기간 이후나 피해액이 보증 한도를 초과하면 분쟁이 되고 최종적으로는 법원에서 해결되어야 한다. 이때 중요한 것은 피해 상황에 대한 기록관리다. 기록관리는 자기가 겪은 일에 대한 증명이다. 1520년 초 마젤란 일행이 세계 일주에 성공하기 이전, 유럽이 엔리케 왕자[22]에 의해 겨우 대양에 첫걸음을 떼던 1420년대에 이미 중국 명나라의 정화 장군은 세계를 일주[23]하였다. 어떤 이들은 바스코 다 가마나 콜럼버스가 사용한 해도의 원본은 명나라에서 얻은 것이었다고 주장한다. 그러나 명나라는 그의 일곱 차례 항해를 마친 후 조선소를 불태웠고 기록도 명확하게 남아 있지 않으며, 자기들이 최초로 세계 일주를 하였다고 주장하지도 않았기에 콜럼버스는 신대륙의 발견자 가 되었고 남아메리카 끝단에는 마젤란 해협이란 이름이 남 았다. 탄핵으로 물러난 전 대통령 수사에는 계약서나 공식 기록물뿐만 아니라 수석비서관의 업무 수첩에 적힌 개인 기 록도 핵심적인 증거 자료로 채택되었다. 이처럼 구체적이고 자세한 기록은 충분히 증거 자료가 될 수 있다.

하지만 법원에서 해결하는 것은 기분 좋은 결말이 아닐 것이다. 더구나 그에 따른 시간 낭비는 결코 돈으로만 보상 받을 수 없다. 사후 약 처방보다 예방이 최선이다. 작은 하 자까지는 모두 해결할 수 없더라도 품질에 대한 전반적인 문제가 발생하 지 않도록 하는 방법이 있어야 한다. 그것은 공사 중에 어떤 부분에 중점 을 두었느냐에서 차이가 난다. 현장 품질 관리만으로 충분하다고 말하기 엔 무엇인가 부족하다. 무엇이 더 필요한 것인가?

22) 포르투갈의 엔리케(Henrique) 왕자는 항해사들을 지원하고 신 형 원양항해 선박을 개발하여 아프리카 항로 개척에 나서면서 유럽의 대항해 시대를 여는데 결정적인 기여를 했다. 사람들 은 리스본 타구스 강가에 "발견 의 탑"을 세워 그와 항해사들을 기리고 있다.

23) 영국의 '개빈 멘지스(Gavin Menzies)'란 사람은 이를 알리 는 데 매우 적극적이다. 그는 실 증적 증거들과 저서 『1421:중국, 세계를 발견하다』를 통해 설득 력 있게 제시하여 기존의 상식 을 뒤집었다는 평가를 받고 있 다. 그의 홈페이지 http://www. gavinmenzies.net/에서는 그 내 용을 찾아볼 수 있다.

사업의 성공은 올바른 소통부터

01
—
용어를 알면 그 분야의 절반이 보인다

학자들은 인간의 언어는 아마도 간단한 유성음에서 출발했을 것으로 추정하고 있다. 약 200만 년 전, 아프리카 동부 초원 지역에서 소풍을 즐기던 인간의 조상은 형제 살인범 호모 사피엔스가 7만 년 전 유라시아로 도망간 뒤로[24] 언어의 발달은 그의 행적을 따른다. 언어의 진화는 생명의 진화를 그대로 닮았다. 유전자가 생명 정보를 담고 있듯이 언어는 문화를 담고 역사를 통해 발전하여 마침내 오늘날 수천 개의 형태로 자리 잡았다. 그러나 한 민족의 언어조차 세대가 사용하는 말이 다르고 각 분야에서 사용하는 용어를 달리하며 진화의 관성은 계속 우리를 세분시키고 있다.

당신은 "아이디(ID)"라고 말하면 무엇이 떠오르는가? 웹사이트가 먼저

[24] 인간으로서 우리 자신에 관해 관심 있는 사람이라면 누구나 한 번쯤 읽어보았을 유발 노아 하라리(Yuval Noah Harari) 교수의 『사피엔스』의 내용에서 가져왔다. 형제 살해범은 그의 표현이다.

떠오르면 한국인이고 '신분증'이 먼저 떠오르면 해외 생활을 많이 했을 것이다. 각 분야의 용어는 그것에 맞게 발달한 결과이며 그것이 다른 이들에게 어려운 것은 표현하는 '범위'와 '의도'가 쉽게 와 닿지 않아서다. 반대로 외국인들이 우리말을 쓰면 친근감을 느끼는 것처럼, 다른 분야의 사람들이 자기 분야의 용어를 사용하면 동질감을 느끼고 소통에도 유리할 것이다. 상대가 외국어로 말하면 귀로 들어온 말이 머리로 올라가 버린다. 같은 언어를 사용할 때 그것은 가슴으로 들어온다. 당신이 전문용어의 한 마디를 알게 되면 현장에서의 문제점이 보일 것이다. 건설사업에 대해 모두 알기란 불가능하고 모두 알아야 할 필요도 없다. 그러나 소통을 위한 이해는 가능하다. 그때 저 사업이 비로소 내 것이 된다.

한 분야에서 오랫동안 근무하였다 하더라도 용어의 기원과 의미를 모르면 자기도 모른 채 잘못 적용하거나 다른 길로 가기 마련이다. 그래서 우리도 때때로 우리말을 잘 모르는 것처럼 그 분야의 사람도 가끔 전문용어의 의미와 표현을 혼동하기도 한다. 전문용어는 긴 설명을 하나로 표현할 수 있다. 그러나 반드시 같은 개념에서 출발해야 한다. 표준어 검색은 사전에서 출발하듯이 건설용어 정의도 법에서 먼저 찾을 수 있다.

건설에 관계된 수많은 법 중 가장 기본적인 것은 '건설산업기본법'이다. 그리고, 인프라 영역에서 가장 중심이 되는 것은 '건설기술관리법'이었다. 그러나 이 법은 2014년 '건설기술진흥법'으로 전면 개편되면서 건설영역 전체를 품는 모습을 보인다. 그래서 품질이나 안전 등 건설에서 요구하는 기본적인 내용은 대부분 여기에서 얘기하고 있다. 한편, 한국의 건설법은 건축 분야와 국토 개발과 관련된 인프라 영역에서 따로 출발했다. 시작은 민간 주도의 건축이 먼저였지만, 한국의 건설은 정부 주도로 성장했고 인프라 시설에 집중했다. 그로 인해 건축 관련 법들은 고유의 표현이나 영역을 지키면서도 어쩔 수 없이 다른 건설법들의 정의와 표현을 일부 가져와서 사용하고 있다.

각 법에는 건설산업에 관련된 용어의 "정의"가 나온다. 건설산업기본법에서는 건설산업을 정의하며, 공사를 맡은 건설업과 그 외의 업무를 맡는 건설용역업으로 구분한다. 일반적인 건축이나 토목 건설공사로부터 전기, 정보통신, 소방시설, 그리고 문화재 수리공사를 구분하고 있지만, 작은 건축물의 정보통신은 공사가 아니라 단순 작업에 불과하다. 여기에서 소방시설은 건물에 달린 화재경보기나 소방호스를 의미하진 않는다.

건설산업기본법에서는 발주자, 발주자로부터 도급을 받는 수급인, 그리고 수급인으로부터 다시 하도급을 받는 하수급인에 대하여 설명하고 있다. 우리가 어떤 명칭을 갖는가에 따라서 각자의 법적인 권리와 책임은 달라진다.

발주 권한이 있다는 것은 실제로 영향력을 행사할 수 있다는 것을 의미한다(점차 희석되어 가고 있고, 또한 그렇게 하도록 노력하고 있지만, 소프트 권력으로는 인사권이, 하드 권력으로 군사력이 조직 권력의 가장 중심이라는 것은 만고의 진리였다. 발주권은 회사 간의 인사권이고 소송 능력은 군사력이다). 종종 발주자와 도급자가 혼동되는 것은, 이처럼 역할도 같고 도급 계약이든 하도급 계약이든 계약서에서 똑같이 "갑", "을"이란 명칭으로 사용하기 때문이다. 이러한 혼동으로 계약 법률 용어인 "도급인"이라는 용어를 하도급 발주에서 사용하기도 하고, 이로 인해 수급인이 하도급을 발주하면서 자신을 '발주자'라고 명기하기도 한다. 그러나 그는 도급인이나 발주자가 아니라 법적인 지위는 수급인일 뿐이다. 그래서 법 정의에는 "수급인으로서 도급받은 건설공사를 하도급 하는 자는 제외한다"라는 부가문이 달려 있다. 도급자와 하수급자와의 관계에서는 "하도급거래 공정화에 관한 법률"이 적용된다. 그리고 하도급 신고 의무와 재하도급의 문제도 여기서부터 시작된다.

분리발주와 통합발주

그런데 공사를 따로 발주한다는 것은 어떤 의미가 있는가? 직관적으로 알 수 있는 사실은, 발주자가 분리하여 발주하면 하도급을 주로 하는 전문건설업자들이 달리 마침내 '도급' 공사를 맡게 되었다는 것이다. 도급자의 역할은 앞의 설명처럼 발주자와 계약 수행 책임이 더 큰데, 그에 따른 이점은 무엇보다 규모가 더 크고 그만큼 이익과 기회가 더 많다는 것이다. 하도급을 신고할 때 도급과 하도급의 금액 차이가 "하도급률"을 만든다. 하도급률이 '1 (또는 100%)'이 되지 않을 시에는 그 차액만큼 도급사가 하도급사의 이익을 가져간다. 하지만 도급자가 직접 시공을 할 때나 하도급률이 '1'을 넘어설 때는 이것도 무의미하다. 해외에서 도급자와 하도급자의 구분은 법보다는 역할에서 이루어진다. 한국의 건설업체들의 해외공사는 그동안 대부분 하도급이었다. 해외 진출 초기에는 직영공사도 하였지만, 근래 해외로 진출한 한국 건설업체들은 대부분 종합건설업체다. 그들이 해외 건설에서 도급공사를 하기 위해 큰 노력을 기울인 것은 당연한 일이다.

건설기술 진흥법이 2015년이 되어서야 등장했듯이 우리의 건설업은 아직도 이런저런 시험과 개정단계에 있다. 따라서 법은 각각의 시행 방법과 시기를 명시하고 있지만, 실무에서는 정부 기관의 눈치를 보며 조금씩 이행을 달리하고 있다. 이를 어겼다고 하여 바로 적발되는 것이 아니기 때문이다. 이것은 지적 재산권처럼 누군가가 고소해야 비로소 책임지게 되는 구조다. 그 누군가란, 보통 그 분야에서 입찰 참여 기회를 얻지 못한 자이거나 협회와 같이 그들의 권익을 보호하려는 자들일 것이다.

이토록 모두가 도급의 지위를 얻고자 하지만 반대로 임의로 분리발주를 못 하게 하는 것[25]은 분리할수록 규모가 작아지기 때문이다. 어느 조직이나 '전결 규정'이란 것이 있어 발주 조직에서는 일의 규모가 작으면 상부 보고 대상에서 제외되고, 보고 대상에서 제외되면 수의계약(Private Contract)이나 임의로 일을 처리할 수 있다. 이에 따라 건축

25) '국가를 당사자로 하는 계약에 관한 법률'의 시행령 제68조에서는 분할계약을 금지하고 있다. 이것은 임의로 공종을 나누는 것뿐만 아니라 하나의 공사를 나누어 발주하는 것도 금지하고 있다. 그래서 계약예규에 따른 '공사원가계산서'는 처음부터 건설산업기본법의 건설업 공종별로 나누어 작성된다.

물에 포함되는 기계설비는 건설산업기본법의 건설산업 정의에서 분리되어 있지 않으므로 공사비가 큰 경우에도 따로 발주할 수 없다.

다만, 이것도 아주 크다면 얘기가 다르다. 대표적인 경우가 플랜트 공사다. 플랜트는 산업·환경설비 공사업에 해당하며, 종합건설업은 토목공사업, 건축공사업, 토목건축공사업, 산업·환경설비 공사업, 조경공사업으로 나뉜다.

용어 사용에 대한 이해

이처럼 용어 한마디가 한 사업의 방향을 무척 다르게 이끌고 있다. 건설기술 진흥법에서는 기존의 감리를 "건설사업관리자"로 정의하면서 산업계를 바꾸어 버렸다. 의도적이든 그렇지 않든, 다른 것을 말하면서도 같이 사용하는 용어의 혼선은 피해야 한다. 그러나 법에서 정의하는 용어와 실무에서 사용하는 용어가 같은 것을 가리키면서도 다르게 사용될 수 있다. 예를 들어, 건축법에서는 발주자를 "건축주"라고 정의하지만, 건설기술진흥법에서는 "발주청"이라고 정의하고 있다. 그 모태인 건설기술관리법은 인프라 시설 분야 건설이 초점이었고, 여기에는 발주를 전문으로 하는 기관이 있기 때문이다. "발주처"란 호칭은 '발주한 기관이나 단체'란 사전적 의미를 담고 있을 뿐, 이를 정의하고 있는 것이 아니다. 궁극적으로는 모두 "발주자"를 의미하고 있다. 실무에서는 발주자는 건축주, 발주청, 발주처란 용어를, 수급자를 개인 중심으로 얘기할 때는 도급자와 시공자, 회사 중심으로 얘기할 때는 도급사, 도급업체, 시공사로, 하수급업자는 하도급자, 하도급사, 협력업체 등을 함께 사용되고 있고, 법마다 이를 따로 정의하고 있기도 하다. 국어학계가 "짜장면"과 "자장면"이란 단어에 대해 수십 년간 표준어 채택을 놓고 고민해 온 것처럼, 공인된 것과 일상에서 사용하는 것에는 차이가 있다. 이 책에서는 각 의미의 혼돈을 초래하지 않는 범위 내에서 이 모두를 사용하고 있다. 우리의 삶은 사전적으로만 살아가는 것을 요구하는 것이 아니라 그 의도를 벗어나지 않는 범위 내에서 현실적으로 살아가는 지혜를 필요로 하기 때문이다. 아울러 이 책에서 의미하는 "건설사업관리자"는 원칙적으로는 감리의 위치를 넘어, 발주자의 기술고문(Technical Advisor) 역할을 하고 발주자가 고용한 자를 지칭한다. 그러나 문맥에 따라서는 실제로 조직의 소속과 관계없이 건설사업을 이끌고 현장을 관리하는 자를 의미할 것이다. 공사로 만들어지는 것을 '공사 목적물'이라고 하지만 "시설"이란 단어는 다른 사전적 의미에도 불구하고 건물과 공작물, 공장과 플랜트, 그리고 교량과 터널, 도로와 같은 인프라 스트럭처를 모두 포함하는 의미로 사용하고 있다. 이 책에서 가능한 쉬운 말을 사용하고 있지만, 전문용어 역시 가끔 사용될 것이다. 그것은 의미를 더욱 정확하게 표현하고자 하기 때문이다. 반면에 독자들은 전문용어 한두 마디의 이해가 자신을 성큼 그 세계의 문 앞에 데려다 놓는 것을 느낄 것이다.

우리는, 자연의 딸인 현실과 짝짓기에 실패하고 있다 하더라도, 사회의 아들인 법을 외면할 수 없다. 현실이 가진 약간의 변덕은 인간이 가진 귀여운 교태(嬌態)이며, 법은 부지런히 현실을 품고자 노력하고 있다는 사실을 의심하지 말아야 한다. 중요한 것은, 기존의 관행이나 사용하고 있는 용어가 항상 옳은 것이 아니라는 것이다. 모든 업무는 당시는 그렇게 진행되었더라도 지금은 틀릴 수가 있다. 따라서 우리는 항상 지금 하는 일이 제대로 하는 것인지를 확인해야 한다. 이렇게 우리가 공부하는 목적은 무엇을 모르는지를 알기 위해서다. 그래서 1920년대 미국인이 사랑한 철학자 윌 듀런트(Will Durant)[26]가 "배움은 무지를 점진적으로 발견하는 것이다"라고 한 말은 언제나 진리다.

[26] 그는 비교하자면, 지금 한국의 설민석 강사다. 그는 젊은 시절 야간학교에 사람들을 가르치는 철학 강사로 나섰다가 한 출판인의 눈에 띄어 『철학이야기』라는 책을 출간했다. 그의 책은 딱딱하고 재미없던 철학을 재밌고 필수적인 교양과목으로 만드는 데 크게 기여했다.

"가장 훌륭한 사람은 스스로 모든 것을 깨닫는 사람이오. 좋은 조언을 따르는 사람 역시 훌륭한 사람이오. 그러나 스스로 깨닫지도 못하고 남의 말을 듣고도 그것을 마음에 받아들이지 않는 사람은 쓸모없는 사람이오" – 헤시오도스(그리스의 서사시인)

한 걸음 더 나아가

① 스프레드 빌딩(Spread building)과 포인트 빌딩(Point building)

현대 토목공사의 대부분은 건물 기초보다는 도로와 교량을 짓거나 상하수도와 하천 정비와 같은 인프라스트럭처(Infrastructure)다. 이 용어는 하부를 뜻하는 '인프라(Infra)'와 구조물을 뜻하는 '스트룩트라(Structura)'의 합성어로 '기반 시설'을 의미하고, 이것은 건물과 건물을 연결하고 지역과 지역을 연결하는 스프레드 빌딩이다. 이에 비해 쌓아 올리는 건축(建築)이나 플랜트와 공장은 한 지점에서 이루어지는 포인트 빌딩이다.

② 면적 단위로서의 평

지금도 건물 면적을 말할 땐 '평(py)'이라고 나타내는 단위를 여전히 사용하고 있다. 일본에는 방에 '다다미'라는 깔개를 바닥에 몇 장이나 깔 수 있는가를 보고 크기를 짐작할 수 있었다. 당연히 이 용어는 일본강점기 때 우리나라에 들어왔고 반백 년이 훨씬 지난 지금도 여전히 건설업계에서는 이 단어를 사용하고 있다. 그동안 건설업계가 많은 용어 개선을 이루었고 이 단위 역시 미터법으로 바꾸고자 정부 차원에서 노력하고 있지만, 여전히 과거의 먼지를 털어내지 못하고 있다. 일부 사람들은 그 이유 중 하나로 미터법에 의한 면적은 눈으로 보이지 않기 때문이라고 꼽고 있다. 즉, 그들에게 다다미는 눈으로 보이는 개념이었지만 1제곱미터가 얼마나 되는

지 얼른 짐작하기란 쉽지 않다는 이유다. 또한, 이 단어가 건설업계만 사용하는 것이 아니라 부동산에 관심 있는 사람들이 사용하기에 더더욱 바꾸기가 쉽지 않다고 한다. 해외에서도 부동산 크기를 면적으로 표기하지만, 주택의 크기를 얘기할 때 반드시 면적으로 표기하진 않는다. 그들에게 중요한 것은 방과 욕실의 개수와 같은 것이기 때문이다. 이에 비해 토지의 여유가 없는 우리는 부동산이 투자의 대상이 되면서 면적 자체가 중요한 것이 되었기 때문이다. 하지만 앞으로도 '평(py)'을 계속 사용하는 것은 우리의 땅을 다다미 개수를 놓고 따지자는 것밖에 되지 않는다.

③ '용역'과 서비스(Service)

'건설업'이란 말은 공사를 의미하고 눈으로 보이기에 우리가 잘 아는 것이지만, "용역"이란 말은 익숙하면서도 낯설다. 용역의 사전적 의미는 '생산과 소비에 필요로 하는 노무를 제공하는 일'이고 영어로 얘기할 때는 Service(s)로 번역된다. 문제는 여기서 발생한다. 한국에서는, "이것은 서비스예요"란 말의 의미는 "Free of Charge"라고 통한다. 그리고 '용역'의 사전적 의미에서 '노무'란 단어는 '육체적 노력을 들여서 하는 일', 또는 '노동에 관련된 사무'이니 힘을 쓰는 일과 더불어 잡다한, 특히 한때는 폭력까지 동원하던, 일을 수행하는 것으로 오해받는다. 그래서인지 우리나라에서는 여전히 '용역'이라는 의미가 값어치가 낮고 부정적으로 남아 있다. 한편으로 법률 서비스는 '법률 용역'이라 하지 않고 '법률 자문'이라고 번역한다.

02

공종이란 무엇인가

       로마 시대에는 로마 시민권을 가진 이들과 시민권을 가지지 못한 이들이 있었다. 관용과 포용 정책으로 세계를 제패한 로마는 로마에 충성하는 외국인이나 노예들에게 자유민 자격을 주며 로마인이 될 기회를 부여했고 그들은 '자유 로마인'이 되고자 열망했다. 그러나 그렇게 염원대로 로마인이 되었다고 하더라도 진정한 로마인이 되기 위해서는 학식과 교양을 쌓아야 했으니, 그들은 베르길리우스와 호메로스의 시를 알아야 했고 플라톤과 아리스토텔레스의 철학을 공부하고 예술과 헤로도토스와 투키디데스의 역사를 알아야 했다. 진정한 자유민이 되기 위한 그들의 공부를 '리버럴 아트(Liberal Arts)'라고 하였는데, 이것을 우리는 '교양과목' 혹은 '인문학'이라고 번역하고 있다.

  한편, 로마 시민권을 획득하는 방법들은 여러 가지가 있었는데 그중 하나가 군대에서 복무하는 것이었다. 로마군대는 새로운 정복지마다 도로를 만들고 도시에는 목욕탕과 극장, 공회당, 콜로세움들을 세웠다. 이 일의 전문가를 '엔지니어(Ingeniare → Engineer)'라고 하였고 그 기술 중 최고의 기술은 아치(Arch)를 만드는 것이었으니, 그 기술을 가진 사람이 '아키텍처(Architectus → Architecture)'였다. 로마가 멸망하고 서양의 중세에는 신학을 제외한 모든 학문과 기술이 배척당했다. 하지만 르네상스가 찾아왔을 때 도시에는 군대가 아닌 시민들을 위한 시설을 만들 기술이 필요하게 되었고, 사람들은 고대의 로마군대에서 사용하던 각종 기술을 다시 찾기 시작하였다. 이때 군대의 기술(Military Engineering)과 구분하는 용어로 "민간 기술(Civil Engineering)"이라고 불렀다. 아치는 변함없이 최고의 기술이었다[27].

1800년대 중반, 일본이 유럽 문물을 받아들이면서 역사적 사실이 다른 이 개념은 동양적 사고의 한계에 부딪혔다. 일본 학계에서는 '시빌 엔지니어링(Civil Engineering)'과 '아키텍트(Architect)'를 어떻게 번역해야 하는가를 놓고 오랜 기간 여러 차례의 논쟁과 용어의 개정을 거듭하였다.

현재도 우리는 건축물을 올리든 플랜트를 짓든 항상 땅을 파고 기초를 만드는 작업에서 여전히 목재 널판을 재료로 사용한다. 일본이 이 용어를 번역하던 당시의 건설 재료는 대부분 흙과 나무였다. 집과 교량은 나무로 만들었고 도

27) 피렌체 두오모 성당은 1296년 건축을 시작하고도 100여 년 동안 돔(Dome)을 올릴 방법을 찾지 못했다. 그래서 현상 공모를 했는데 이때 로마의 판테온을 연구한 브루넬레스키(Filippo Brunelleschi)의 제안이 당선되었다. 공사설명회를 통해 그가 아치형의 돔을 내부를 비운 이중 벽체로 하고 벽돌을 물고기 뼈 모양으로 맞물려 쌓는 헤링본(Herring bone) 방법을 선보였을 때까지도 경쟁자들은 아무도 그의 성공을 믿지 않았다. 그러나 1436년에 완공된 이 돔은 500여 년이 지난 현재까지도 안정성을 자랑하며 서 있으며, 허락만 받으면, 당신은 그 이중 벽체 사이의 공간으로 들어가 볼 수 있다.

로는 흙을 깎거나 쌓아서 만들었다. 이에 비해 높은 건물을 짓는 것은 상당한 기술을 필요로 하는 것이었고 최고의 기술자를 모셔야 했다. 그리하여 마침내 두 단어는 "토목(土木)"과 "건축(建築)"이라는 단어로 결정되었다. 토목은 재료에 초점이 되었고 건축은 '세우고 쌓는다' 라는 무미건조한 행위특성에 초점이 맞추어졌다. 영화 『건축학 개론』에서 서연이는 그래서 "매운탕"이란 말을 꺼낸 것 같다. 그 이름에는 전혀 요리의 특성이 없는 것처럼, 두 단어에는 기술에 대한 존경이 없다. 이후 자재와 기술이 발전하면서 기계, 전기, 전자, 화학, 산업, 재료, IT 분야에서 다양한 공학이 탄생하였다. 하지만 대형 플랜트 건설 현장의 "Architect Engineer"는 건축 담당자가 아니라 최고 기술 책임자를 일컫는다. 토목과 건축에서 건물의 안정성을 검토하는 것은 아키텍처가 아니라 구조공학자(Structural Engineer)다.

기술 발전 이후 다른 분야는 운영 중심인 것에 비해 토목과 건축 분야는 여전히 건설 중심이다. 그나마 기계 분야는 플랜트 건설에서 중심에 있어, 건설사업은 토목과 건축공사, 그리고 플랜트 공사로 나누어진다. 하지만 하수처리 시설이나 석유나 가스 저장 시설과 같은 공사 중에는 이것을 플랜트라고 할 것인지 토목이라고 할 것인지 경계가 모호하다. 그리고 화공플랜트나 석유플랜트도 사업 초기에는 대부분 토목공사가 중심이다. 하지만 현장소장이 누구인가에 따라 공사의 성격과 진행은 달라진다[28]. 일정과 주요 품질에 두는 중점이 다르기 때문이다.

의학계에서 각 분야를 '전문의'라고 하듯이 공사의 종류를 분류한 것을 "공종(工種)"이라고 한다. 전문의가 전공을 나누는 것처럼 공종도 세분된다. 그러나 정신과 의사도 해부학 교육을 받고 전문의라도 공통된 의학 기본 지식을 배우지만, 공학자들이 공통으로 배우는 것은 역학 외에는 없다. 현장에서 사용되는 기술과 장비들은 대부분 역학만으로 이해할 수 없는 내용이다. 건축 기술자가 현장을 이끌든, 토목이나 기계 기술자가 현장을 이끌든 그는 한 분야에서 전문의다. 하지만 총책임자가 되면 전문분야는 각 담당이 책임지고 그는 전체 분야를 이끌어야 한다. 가정의학에서 일반 진료를 받고 전문의를 찾아가는 것과는 반대다. 해외에는 "프로젝트 매니지먼트(Project Management)"란 학과와 분야가 별도로 있고 코디네이터(Coordinator)란 업무가 이해관계자들과의 소통을 돕는 것에 비해 한국은 건축이나 토목, 혹은 기계 분야와 같이 공종별 구분을 중요시한다. 현장소장이 건축이면 그 현장에서 다른 공종은 보조가 될 뿐이다. 주류와 비주류에 따른 심리적 장벽은 현장에서 공종별로 벽을 치고 경계를 만들어버렸다. '사일로 효과(Organizational Silos Effect)'로 인한 문제점이 부서 간에만 나타나는 것이 아니라 공종 사이에도 존재한다.

28) 그래서 많은 돌이키기 어려운 하자들이 기초 공사에서 나타난다. 가장 흔한 경우는 시설을 짓고 나면 피사의 사탑이 되는 경우다. 그 외에 암이 너무 많이 나와 공사 일정에 큰 타격을 입는다거나 반대로 뻘이 깊어 계속 가라앉는 문제다. 건물을 기울이는 '부등침하(不等沈下)'와 계속 가라앉는 '과침하(過沈下)'는 항상 이슈다. 플랜트 공사의 중심은 공정 설비(Process facilities) 설치인데, 여기에서 기초 공사는 부대(附帶)공사여서 플랜트 공사 일정에 맞춰야 한다. 기초공사가 매우 중요 하지만 여기에만 중점을 두면 공정설비 설치에 구멍이 생길 수 있다. 핵심은 공사 종류 구분보다 '중요한 것'과 '급한 것'을 구분하는 일이다.

우리나라는 대학을 중심으로 꾸준히 '토목공학과'와 '건축공학과' 혹은 '건축학과'에 대한 용어 변경을 추진해왔고 그 결과 대학마다 학과의 명칭들을 조금씩 다르게 사용하고 있으며 여전히 더 나은 명칭 찾기에 대한 노력은 진행 중이다. 앞으로 더 많은 협의를 통해 새로운 합의에 도달한다면 미래엔 새로운 용어로 정착될 것이다. 그러나 대학이 산업을 따르거나 대학에서 세분된 학과가 반드시 현장과 일치할 필요는 없다. 반면에 산업계에서는 분야와 공종에 대한 재인식이 필요하다.

　　프로젝트관리 전문가의 양성도 필요하다. 그러나 건설업에 맞춘 건설사업관리 전문가이어야 한다. 기존의 프로젝트 관리 이론은 제조업을 중심으로 하기에 건설업에 임하는 사람들에게는 언제나 '식스 시그마'처럼 괴리감이 존재해 왔다. 제조업의 결과물은 바로 볼 수 있지만 건설업은 시간이 필요하다. 시간은 많은 것을 변형시킨다. 제조업은 부서와 부서의 협업이지만 건설업은 서로 다른 조직을 갖춘 회사와 회사의 협업이다. 국가 간의 협업과 회사 간의 협업과 부서 간의 협업이 동등할 수 없다. 그리고 건설업은 정해진 공간이 아니라 사업마다 지역과 공간 특성이 고려되어야 한다. 전쟁터에서 같은 전술을 사용해서는 안 되는 것처럼, 하나의 정해진 틀이나 방침이 그대로 적용되지 않는다.

03
—
건설사업은 동업이다

　　　　　기업의 조직과 정부의 조직은 지속적인 운영을 목적으로 한다. 상업용 건물이나 공장 같은 생산시설의 발주자는 활동적인 기업이지만, 그렇지 않을 때는 정부 조직을 닮아있다. 막스 베버(Max Weber)가 '관료체제가 전문화에 최상의 조직'이라고 평했을 땐 한 세대를 걸쳐 변화하는 속도가 지금보다 빠르지 않았다. 당시의 전문화는 오직 오랜 시간만을 필요했기 때문이다. 하지만 오늘날 전문화는 경륜과 시간이 핵심이 아니다. 불타고 있는 도서관[29]을 이제는 아무도 끄려는 사람이 없다. 관료제가 오늘날 비판받는 이유는 변화하는 속도를 따라가지 못하기 때문이다. 현재의 슬림(Slim)해진 조직에는, 과장(課長)에게 과원(課員)이 없고 부장(部長)에게는 충분한 부원이 없다. 모두 팀장이거나 팀원일 뿐이다. 그러나 여

29) "노인은 불타는 도서관이다"라는 아프리카 속담이 있다. 노인의 경륜과 지식에 대한 존중을 표하는데, 급변하는 오늘날에는 그들의 경륜과 지식은 점점 힘을 잃어간다.

전히 관료제가 유용한 이유는 조직의 목적이 다르기 때문이다.

　　사업은 매 순간 선택을 요구해야 하고 그 선택은 일정한 절차에 따라 이루어지는데 이것을 "조직 의사결정"이라고 한다. 그러나 조직 내의 의사결정이 모두 한결같을 수 있다면 조직 이론이나 의사결정 이론이 이처럼 발달하지 않았을 것이다. 한편, 일반적으로 프로젝트가 하나면 주요 참여자들의 사업 참여 범위는 비슷하나, 규모가 클수록 참여자마다 프로젝트에서 참여하는 범위는 차이가 난다. 건설사업은 후자에 해당한다. 대부분 발주자 조직은 운영을 목적으로 하므로 지역방어의 성격이 짙은 매트릭스 조직[30] 형태를 띠고 있으나 시공사의 현장 조직은 대인방어 격인 프로젝트 조직이다. 한편, 발주자는 감리를 고용하며 네트워크 조직으로 변모한다. 이처럼 다른 구조의 조직은 다른 의사결정 과정을 따르기에 이들이 하나의 건설사업에서 조화를 이루려면 서로에 대한 분명한 이해가 필요하다. 건설사업은 발주자와 감리, 그리고 시공사의 동업(同業, association)이다. 동업이란, 부족한 것을 메워주기 위해 역량이 서로 다른 이들이 만난 것이다.

　　각 조직에는 PM이 있다. 그는 서로의 조직을 위해 사업을 이끌어 간다. 그래서 사업관리(Project Management)란 용어는 건설업에

[30] 맥킨지 & 컴퍼니의 파트너이자 기업 전략 전문가인 로웰 브라이언(Lowell L. Bryan)과 클라우디아 조이스(Claudia I. Joyce)는 『사고집약형 기업』에서 매트릭스 구조가 복잡하고 뒤얽힌 보고 관계를 만들어 업무의 복잡성과 불필요한 정체를 유발한다고 분석하고, 조직 중간구조에서 역기능을 가져온다고 진단하였다. 권위란 바탕 위에 협력 추구를 목적으로 하는 이 구조는 1960년대 출현 이후 지금까지 금융 분야를 중심으로 여전히 인기를 끌고 있지만, 실질적인 '협력' 이라는 목적 달성 여부는 참여자들의 자세에 달려 있다.

서는 그대로 건설관리(Construction Management)가 된다. 하지만 사업관리자(Project Manager)가 그대로 건설사업관리자(Construction Manager)가 되는 것은 아니다.

서로 다른 조직이 모였지만 하나의 사업 아래에서는 하나의 조직체가 되고 하나의 리더가 필요하다. 최종적인 의사결정은 발주자를 따라가게 된다. 하지만 그것만으로 그가 건설사업을 이끌어 간다고 할 수는 없다. 리더가 공식적으로 선정되는 것은 효율적이고 명시적이지만 암묵적으로 선정되기도 한다. 궁예가 왕이었지만 장군과 신하들이 따르는 자는 왕건이었다. 심지어 다른 두 나라의 왕들도 그를 따르는 것이 더 낫다고 생각했다. 한편으로 적과의 싸움에서는 용감한 자도 내부자와의 싸움에서는 나약할 수 있는 법이다. 포르투갈에 영광을 가져다준 엔리케 왕자는 해상왕이었지만, 정치 싸움에서는 물러섰다.

건설은 왕의 자리를 다투는 자리가 아니지만, 그가 정해지는 순간, 그는 건설사업의 구심점이 되고 사업은 점차 그의 색깔을 띠게 된다. 그는 자신이 어떤 위치에 있는가에 염두를 두지 말고 사업 전체가 조금씩 그가 이끄는 방향으로 딸려 오도록 지속해서 당겨야 한다. 그가 이끄는 대로 한 번에 모두가 따라오면 사업은 쉽게 정상궤도에 오를 것이지만 사업이 끝나기 전까지 이끄는 노력을 멈추어서는 안 된다.

전문적인 건설 지식을 갖고 건설 프로젝트를 담당하고 사업을 이끌어 가는 사람을 CM(Construction Manager)[31]이라고 한다. 한국의 법은 감리가

31) CM이란 용어는 사람을 의미할 때는 Construction Manager이고, 역할을 의미할 때는 Construction Management이다. 우리가 "한나절"이란 표현을 하루의 절반을 의미하기도 하고 하루 전체를 의미하기도 하면서도 생활에서 혼란을 겪지 않는 것은 문맥에서 의미를 찾기 때문이다.

그 역할을 하도록 그를 "건설사업관리자"라고 규정하고 있지만, CM은 반드시 감리자를 의미하진 않는다. 실질적으로 건설사업을 이끄는 사람은 발주자나 시공사의 직원이 될 수도 있고, 모두가 건설사업관리자가 될 수도 있다. 이처럼 건설사업관리자가 다양한 형태로 위치하거나 부재할 수 있는 것은 현장에 발생하는 문제에 대한 중요성에 대한 인식의 차이가 있기 때문이다. 그러나 중요한 것은, 문제나 어려움에 부딪힐 때 자기 혼자만 책임을 회피하려는 행동을 할 때 동업은 금이 가기 시작한다.

때로는 발주자와 감리, 그리고 시공사가 서로 다투거나, 무관심한 진행 속에서 완공을 맞이할 때도 있다. 그때 그동안의 모든 행적이 드러난다. 건설사업이 실패하는 것은 어디에도 '실질적인 건설사업관리자'가 부재한 탓이다.

중간관리자의 역할

말콤 글래드웰은 『티핑포인트』에서 인간은 다른 사람과 깊은 관계를 맺는 것은 열 명에서 열다섯 명 정도에서 부담을 느끼기 시작하고, 직접적인 사회적 관계의 한계는 백오십여 명 정도라고 소개하였다. 백오십 명이 백오십 명을 관리하면 대략 이만 명 정도다(150명×150명 = 22,500명). 이것은 군 편제에서 한 개 사단 규모다. 현재의 사단 체제는 나폴레옹에 의해 조직되었는데, 아마도 그는 이미 백오십 명의 한계를 알고 있었던 것 같다.

조직에서 중간관리자가 있는 이유는 이처럼 관리가 목적이다. 군이나 과거 조직은 '통제'가 목적이지만 현재의 조직은 "플랫폼"이다. 중간관리자의 결재 목적은 무엇일까? 그것이 업무 처리의 통제를 목적으로 하는가와 자신의 경험과 지식으로 도와주기 위한 것인가의 차이는 조직 의사결정과 업무 진행의 방향을 가른다. 과거의 관료제에서 한 부서의 부서원은 수십 명에서 수백 명에 달했다. 그래서 한 부서의 일이 부서장을 통해 상위 관리자와 최고 의사결정자에게 전달되는 것은 관절 덕분에 편리한 움직임이 되는 것처럼 자연스러운 업무 처리 과정이었다. 하지만 모든 관점은 무언가를 거치는 과정에서 굴절되고 변형된다. 눈앞의 현실에서 중요성을 구분하는 기준은 항상 조직 가치관보다 개인의 가치관이 앞서기 때문이다. 그에 따라 현장의 일은 담당자와 부서장, 그리고 다음의 상위 관리자를 거쳐 갈수록 현실에서 조금씩 멀어진다. CCTV가 현장을 지켜보고 마음만 먹으면 현장에 쉽게 가 볼 수 있는 현재에도 현장은 항상 사무실에서 보는 그대로가 아니다. 현실을 보는 그의 전문성에 따라 보이는 것도 다르다. 오늘날 부서원은 수 명에 불과하고, 많아야 십여 명을 넘지 못한다. 다년간 한자리에서 지키는 한 부서의 장(長)이 관리하는 범위치고는 너무 초라하다. 그러나 관절의 위치가 바뀌지 않고 있다면 최고 의사결정자는 여전히 물속의 금붕어를 보고 있는 것이다.

32) CM의 의미처럼, "실무자 (Person in charge)"는 반드시 조직의 말단 실무 담당자를 의 미하지는 않는다. 상위 관리자 에게는 모든 하위 관리자가 실 무 담당자다.

실무자[32]의 결정은 멀리 있는 최고 의사결정자보다는 직접 대면하는 상위 관리자에 의해 좌우된다. 상위 관리자가 원칙을 준수하고 예측 가능한 행동을 할수록 실무자의 역할과 결정은 명확하다. 그러나 모든 업무가 원칙대로 진행되는 것이 아닐 수 있다. 그때마다 일의 중요도와 순서는 실무자가 아니라 상위 관리자에 의해 정해진다. 결론은 미래가 현실이 되어서야 나타난다. 그때는 당시 의사결정을 한 가치관이 무엇이었는가에 따라 결과에 어떻게 영향을 미쳤는지 알 수 있게 된다. 그러나 결과가 좋지 않다면 그는 결코 그것을 자기의 잘못으로 받아들이지 않을 것이다. 누구도 스스로가 그런 결론을 만들었다고 인정하고 싶지 않기 때문이다[33]. 그런 상황이 많을수록 공동책임은 무책임의 결론에 이르게 된다.

33) 유발 노아 하라리(Yuval Noah Harari) 교수의 또 하나의 역작, 『21세기를 위한 21가지 제언(21 Lessons for the 21st Century)』에서 그는 "대부분의 사람은 자신이 바보라고 인정하고 싶지 않는다. 그러다보니, 특정한 믿음을 위한 희생이 크면 클수록 신앙은 더 강해진다. 이것이 신비한 희생의 연금술이다"라고 표현하였다.

왕과 대통령이 없거나 그들에게 실권이 없어도 국가는 유지된다. 부모의 관심이 없어도 때가 되면 자라는 아이처럼, 현장에 건설사업관리자가 없어도 공사는 진행되고 기성이 지급되는 한 준공은 맞게 된다. 그러나 내 집을 지을 때는 내가 건설사업관리자가 되어야 하고, 규모가 큰 건설을 할 때는 건설과 구성원들에 대한 이해를 바탕으로 사업을 이끌어 갈 건설사업관리자가 있어야 한다. 성장이 우선이던 시기에는 단순하거나 반복

형태의 공사가 대부분이었으나 이제는 더 이상 상자형 아파트를 짓지 않는다. 미국에서 CM의 형태가 보인 것은 마천루가 등장할 무렵이었다. 한국의 건설사업은 여러 차례의 도전에도 불구하고 기존의 틀을 벗어나지 못하고 세계 경제의 흐름에 휩쓸려 떠내려가고 있다. 건설은 인류와 함께 존재해 왔고 인류가 존재하는 한 사라지지 않을 분야다. 하지만 그동안 기술의 발달을 따라 기술적인 문제에만 관심을 가져왔고 사회 변화에 관한 관심은 미흡했다. 현대 사회는 한 기술 분야만의 전문성으로는 사업을 이끌고 갈 수가 없다. 토목, 건축, 기계와 같이 세분된 기술은 각 분야의 기술적인 문제 해결에만 적용되어야 한다. 그러나 건설사업관리자는 자기와 같은 배경과 지식을 가진 사람들이 아니라 다른 분야의 사람들과도 소통할 수 있어야 한다. 그것이 오늘날 건설사업이 나아갈 방향이다.

04

현장 커뮤니케이션은 어떻게 이루어져야 하는가

와튼 스쿨에서 가장 인기 있는 강의는 스튜어트 다이아몬드 교수의 협상에 관한 과목이다. 소송은 과거를 놓고 대립하지만, 협상은 미래를 놓고 협력하는 것이다. 그는 협상은 "의사소통"과 같은 말이며, 능숙한 협상가가 되기 위해서는 우선 전문가가 되라[34]고 한다. 그러나 그는 오히려 중요한 협상일수록 이성적인 요소보다 비합리적으로 이루어지고, 여기에 전문적 지식이 차지하는 비중은 "10퍼센트도 되지 않는다"라고 한다. 그의 강의는 2016년을 마지막으로 끝을 맺었지만, 그의 강의 내용을 담은 책 『어떻게 원하는 것을 얻는가(Getting More)』는 우리에게 문제를 장애로 생각하지 말고 이제껏 발견하지 못한 기회로 생각하라는 교훈을 준다.

34) 그는 "비전문가는 들판에서 평지만을 보지만, 전문가는 작은 골짜기와 봉우리까지 본다."라고 표현한다. 스스로도 전문가였지만, 43년간 컬럼비아 대학 총장을 재임하며 많은 인재를 양성한 버틀러(Nicholas Murray Butler)는 "전문가는 작은 부분에 대하여 많이 아는 사람"이라고 하였다.

소통은 서로의 참뜻을 이해하는 것에서 시작한다. 참뜻을 이해하려면 반드시 서로에게 신뢰가 있어야 한다. 신뢰하는 관계는 책임추궁과 관련하여 근거를 남겨 놓기 위해 문서를 주고받는 것이 아니라 만일을 위해 근거로 하라고 문서를 주고받는다. 글은 말로 하는 것보다 확고한 결심을 보여준다. 이렇게 우정보다 신뢰를 바탕으로 한 친함을 "래포(Rapport)"라고 한다. 이것은 그가 하는 일에 대한 믿음이다. 시공사가 발주자와 감리와 친하다면 그는 사업 참여자 모두를 위한 컨설턴트이지만, 감리자 일지라도 발주자나 시공사와 사이가 나쁘면 건설사업관리자가 될 수 없다. 그래서 래포란 형식적이거나 금전적 이익에 의해 관계가 좋은 것이 아니다. 그런 관계는 반드시 그 사업을 원활하게 끝맺지 못하게 하는 결과를 낳게 되며, 완공이 다가올수록 처리하지 못한 문제들은 넘쳐나게 만든다.

래포를 형성하려면 상대의 말뜻을 알아들어야 한다. 그것은 그 심각성과 대처방안을 생각하는 것을 말한다. 내용은 알고 있으나 그에 대한 제대로 된 대응이 없으면 모르는 것이다. 유대인 격언에서는 "자기가 아는 것을 말하지 못하면 아는 것이 아니다"라고 풀이한다. 그래서 그들은 도서관에서도 둘이 앉아 논쟁하는 하브루타(Havruta)[35] 방식으로 공부한다. 가끔 현명한 자의 입에서도 때로는 '라이언 일병 구하기'와 같은 비정상적인 명령이 떨어질 때도 있다. 그러나 그것은 나중에 돌아보면 누구든지 공감할 수 있는 명령이다. 이럴

[35] "가르치면서 배운다"란 말이 있다. 유대인의 공부법으로 유명한 이 방식은, 모르는 사람끼리 둘이 마주 앉아 하나의 문제에 대해서 토론하면서 자기가 공부한 내용을 서로에게 설명하고 이해시키는 가운데 스스로 자기의 지식과 논리의 부족함을 찾아 보완하고 상대의 말을 통해 새로운 것을 배우는 것이다. 나이나 계급, 성별에 관계없이 누구와도 토론하는 가운데 그들의 논리와 합리성은 강해져 간다.

때는 이유를 대지 말고 행동해야 한다. 그렇게 한다는 것은 그들 사이에 이미 "래포"가 형성되어 있다는 의미다. 문제를 나열할 수는 있지만, 문제의 해결방안에 대한 고민이나 제안이 없이 불평만 하는 사람은 대화에 전혀 도움이 되지 않는다.

그래서 소통에서 가장 어려운 상대는 내용을 이해하지 못하고 시비를 가리고자 덤벼드는 상대다. 회의에 적극적으로 참여하라는 것은 내용을 이해한 사람들은 의사를 표현하고 이해하지 못하는 사람은 질문하여 이해하라는 의미다. 그러나 우리는 가끔 회의에서 상대의 얘기를 이해하지 못하고 말꼬리를 물고 늘어지거나 왜곡하는 사람들을 만날 수 있다. 이것을 '궤변'이라고 하는데 궤변론자들은 상대를 오히려 궤변론자라 몰아붙인다. 그런 대화 역시 도움이 되지 않는다. 그리고 깊은 고민과 생각 없이 '그것쯤은 나도 알아'라며 단언해도 계속 문제가 누적될 수밖에 없다.

회의 진행

회의를 통해서 얻을 수 있는 것은 자료를 충분히 이해시키기 위한 교육이나 전달, 방안을 도출하고 의견을 접수하기 위한 토론, 그리고 안건에서 도출된 문제 해결을 위한 업무분담이다. 단순히 사안을 공유하는 것은 이메일만으로도 충분하다. 그러나 기술이 발달한 현대에서도 비싼 항공료와 시간이 필요한 국제적인 대면(Face-to-face) 회의가 없어지지 않는 이유는 한 장소에 모여서 직접 말을 주고받는 것의 효능 때문이다.

이처럼 회의는 이해관계자들을 위한 공식적이고 좋은 소통 수단이다. 하지만 회의를 위한 회의에 그치는 것은 시간 낭비일 뿐이다. 효과적인 회의를 준비하기 위해서는 몇 가지 원칙이 있는데, 이는 다음 세 가지 정도로 정리된다.

1. 반드시 회의 안건(Agenda)을 미리 준비해야 한다.
2. 참석자들에게는 반드시 장소와 시간, 그리고 안건을 분명히 전달해야 한다. 특히 중요한 관계자의 불참 이유가 전달을 제대로 받지 못한 것이라면 회의 주최자의 성의가 드러나는 대목이다.
3. 회의 진행은 보고서 작성 요령과 같다. 현안과 문제점이 나오고, 대안을 토론한 뒤에 결론을 기록하는 것이다.

회의는 자기의 생각과 고민은 짧게 말하고 다른 사람의 고민을 듣도록 해야 한다. 상대가 나의 생각을 이미 들은 뒤에도 반응이 없다면 더 이상 관심이 없다는 것이다. 한편, 정기 회의는 정기 보고서의 내용을 관계자들이 함께 들여다 볼 수 있는 기회다. 이 보고서의 목적이 여러 가지가 있겠지만, 가장 중요한 것은 작성자의 관점에서 이 사업을 어떻게 판단하고 있고 이끌어갈 것인가를 말하는 것이다. 그런데 보고서의 내용과 회의에서 말하는 내용이 다르다면 숙고를 통한 얘기가 아니라 대증요법과 같은 임기응변에 불과하다.

실무적인 내용은 회의 전에 미리 토의되는 것이 시간 절약에도 도움이 된다. 하지만 모두가 들어야 할 얘기와 따로 얘기해야 할 얘기를 구분해야 한다. 주제에 맞는 내용인가, 그가 상대의 얘기를 올바로 이해하고 있는가를 판단하여 효율을 이끌어내는 것이 회의를 이끌어가는 사람의 역할이다. 그래서 회의 시간 관리는 회의 주최자의 역량에 달려있다고 한다.

회의록은 구두로 얘기한 사항을 문서로 남기는 것이고, 녹취와는 차이가 있다. 문서는 한눈에 전체를 파악할 수 있게 하는 것에 비해 녹취나 영상은 시간의 흐름에 따른 분석을 요구하기 때문이다. 그리고 말로 할 때와 글로 쓸 때는 관점과 태도가 달라진다. 회의록은 결론을 정리하기 위한 것이다. 교육의 경우에는 그 내용만 있어도 되지만, 토론의 경우에는 "누가, 무엇을, 왜(어떤 의도로)" 얘기하였는지 명확해야 한다. 이어서 문제 해결을 위한 내용이었다면 결론이 실행에 옮겨지기 위해서 "누가, 무엇을, 언제까지" 할 것인가를 명확히 기록해야 한다. 그리고 회의록 작성은 반드시 객관적인 시각으로 작성되도록 해야 한다. 회의록을 포함한 모든 공문은 모두에게 공개되고 다양한 시각으로 보이는 것이기 때문이다. 만일 회의가 역시 형식을 위한 절차에 불과하다면 그만큼 자원을 낭비하는 것이다.

회의록 작성 내용을 보면 작성자의 관점과 사고 역량을 알 수 있다. 회의록과 보고서 작성에 서툰 사람들의 특징은 우선 말하는 내용과 문서의 내용이 다르다는 것이다. 말하는 것은 자신 있는데 글로 쓰는 것이 어렵다고 하는 사람은 말할 때도 근거가 아니라 주장일 뿐인 경우가 많다.

공식회의만 회의가 아니라 업무와 관련된 둘의 대화도 회의다. 그래서 전화로 얘기한 사항이라도 명확하게 전달되기 위해서는 문서나 이메일로 정리해서 주는 것이 필요하다. 이것은 본인이 잊고 있더라도 언제든지 상기시켜준다. 시간이 지난 뒤라도 서로가 내용을 잊어버릴 염려가 줄어든다.

문서의 종류와 작성 – 공문, 현장문서, 비공식 문서

건설사업의 특징은 한시적인 프로젝트와 영속적인 운영의 중간에 있다. 소통의 방식은 공식적인 회의와 비공식적인 회의 그리고 공문과 메일과 같은 비공식 문서가 있다. 그런데, 건설 현장에는 공문도, 비공식 문서도 아닌 '현장문서'란 것이 있다. 왜 우리는 이런 양식들에 맞춰 작성해야 하는가? 양식이 없을 땐 어떻게 해야 하는가?

공문은 공식으로 발행되는 문서의 하나로, 그 종류가 여러 가지이나 이 글에서는 대외적으로 조직의 최고 의사결정권자 사이에 오가는 문서(공문, Letter)로 국한하여 얘기한다. 건설 현장에서는 계약서 체결이나 기성 집행과 같이 시공사가 본사에서 발행하는 것을 제외하면 발주자의 최고 의사결정권자와 시공사의 현장대리인이라는 "지위의 비대칭" 상황이 발생한다. 공문이 발행되려면 공문 발송에 따른 내부적 전결 규정에 따르고, 서로 다른 조직 의사결정 체계 속에서 생성되는 과정도 다르다. 프로젝트 조직은 상대적으로 실무자의 의견이 중요하나, 관료적일수록 실무자의 현장 판단이나 견해보다는 보고를 받는 사람들의 이해와 책임이 우선된다. 공문 발행은 지위의 비대칭을 따라간다.

공문은 많은 조직에서 작성 방법과 양식에 대하여 고민을 해 온 흔적을 볼 수 있다. 특히 정부와 같이 큰 조직일수록 작성법과 권한을 위임하는 전결 규정에 대하여 중요시한다. 그래서 2009년 국립국어원에서는 『공문서 바로쓰기』를 통해 어법과 단어 선택에 대해서도 교육을 아끼지 않았다. 이제는 하나의 고시가 되어 버린 국가직무능력표준(NCS)에서도 공문 쓰기를 강조하고 있는 이유도 이런 것이다. 과거의 공문은 일제나 미군에서 쓰던 방식에서 가져왔다. 이렇게 군(軍)이나 정부 행정에서 쓰는 양식이 민간 기업에서 도입되어 사용되었고 이후 ISO 도입과 함께 결재란의 표시와 두문(頭門)에서 변화를 보였다. 그리고 2017년, 정부에서는 수기와 타자기 작성 시대의 형식에서 탈피하여 현대의 컴퓨터 작성과 전자문서 체제에 적합하도록 개선하였다. 이렇게 공문의 일정한 작성 요령과 방식은 체계화되어 왔다. 그러나 행정 능력이 부족한 조직에서는 문서 작성도 미흡하지만, 내용의 구분 없이 발행하기도 한다. 공문은 문서로서 힘이 있어야 한다. 그리고 휴일 전날 오후에 회신을 요구하는 공문 발송 금지과 같은 예절도 중요하다(아무리 빨리 답을 해도 이미 휴일의 시간이 흘러간 뒤다. 시간이 흐른 뒤에 회신이 늦어진 이유가 문제가 된다면 설명이 구차해진다).

이에 비해 현장문서는 일종의 사문서다. 최고 의사결정권자들이 보내는 것이 아니라 실무자들 사이에 오가는 문서이기 때문이다. 그러나 주고받는 이들의 서명이 있는 순간, 공문서의 지위에 한걸음 올라선다. 이것은 행정 편의를 위한 것이고 실무자에게 책임과 권한을 위임하며 지위의 비대칭을 해소한다. 그래서 현장문서는 의사 흐름에 도움을 준다. 의사 전달이 명확한 현장 양식을 통해 실무자는 현장의 상황에 대해 신속하게 대응하고 적절하게 이끌어 갈 수 있다. 그러나 모든 현장에서 현장문서를 허용하는 것은 아니다. 특히 소수가 권력을 장악하고 투명한 행정이 발달하지 않은 국가에서 실무자는 서명 권한도 없고 의미도 없다. 그래서 해외 현장에서는 그들의 CM이나 유럽인 기술자와의 교신에 사용되는 정도다.

국내에서도 고속철도가 건설되고 외국의 건설사와 기술자들이 들어오면서 많은 현장에서 현장문서를 채택하였다. ISO 체제의 도입은 이를 더욱 확산시키고 정착시켰음은 물론이다. 그러나 처음 시작하는 모든 것에 양식이 있을 리가 없다. 우리는 매일 다양한 양식의 보고서나 신청서를 작성하거나 접한다. 내부 보고도 있고 다른 기관에 제출하는 양식도 있으며 때로는 지정된 양식도 없이 작성하기도 한다. 우리가 작성하는 보고서는 그 형식은 다를 수 있으나 문서 양식이란, 수신인이 요구하는 '필요한 것은 다 넣고 불필요한 것은 뺀 것'이다. 이 원칙만 지켜지면 양식 자체는 중요하지 않다36). 그리고 문서번호로 관리되어야 공신력은 높아진다.

현장문서관리 체계와 소통관리

현장문서관리가 효과적으로 이루어지기 위해서는 일정한 양식과 관리번호를 통해 운용되어야 한다. 이것은 화폐의 유통을 닮았다. 『화폐전쟁』을 통해 국제 금융가에 관한 음모론 확산에 불을 붙인 쏭홍빙은, 우리에게 화폐는 서로의 신용이 없이는 아무 가치도 없다는 것을 일깨워준다. 누군가 당신에게 '100조 달러(ONE HUNDRED TRILLION DOLLARS)' 지폐를 준다면 매우 기뻐할 것이다. 그러나 당신은 곧 그 화폐가 발행될 당시에 짐바브웨에서는 달걀 세 개밖에 살 수 없다는 사실을 알게 될 것이다. 제1차 대전이 끝난 뒤 독일에서도 100조 마르크 동전이 발행되었고, 흥선대원군도 당시 화폐의 백배 가치를 표방한 당백전을 발행하였다(그리고 '일당백'이란 말을 유행시켰다). 이들은 모두 유통에 실패했지만, 링컨은 그린백(Greenback)을 발행하여 남북전쟁을 승리로 이끌었다37). 오늘날 미국은 그저 달러를 인쇄하여 중국이나 우리나라에 주면 우리는 그들에

36) 그런데 현장문서는 현장 내에서 정말 누구나, 어떤 양식이든 사용하면 되는가? 결론적으로, 사용자들이 인정하기만 하면 그렇다. 그러나 좀 더 공식화하기 위해서 "품질관리계획서"나 별도의 절차로 양식을 지정한다. 하지만 현장에서도 여전히 양식의 사용에 오해와 오류가 있다. 현장설계변경 요청서(FCR, Field Change Request) 역시 "실정보고"의 한 형태다. 부적합 보고서(NCR, Non-conformance Report)를 '잘못 시공한 것'이 아니라 계획과 '다르게 시공된 것'을 말할 뿐이다. 또한, RFI(Request for Information)는 자료나 정보를 포함해 구두지시 확인을 위해서도 사용된다.

37) 미국 남북전쟁 자금을 마련하기 위해 미국 정부에서 발행한 임시 화폐(1861~1865)다. 이것은 링컨 정부를 신뢰하였다는 증거다. 현재 미국 달러는 민간 기업 소유의 연방준비은행에서 발행하고 있는데, 이에 대해 경제학자 밀턴 프리드먼을 포함하여 쏭홍빙 등은 강력히 비판하고 있다.

게 자동차나 스마트폰을 내어준다. 그것을 경제용어로 "공짜재화"라고 한다. 미국 인구는 세계 인구의 5퍼센트도 안 되는데 전 세계 소비의 27퍼센트를 차지한다. 너무 불공평하지 않은가? 화폐가 통용되려면 그것을 받아들이는 사람의 의사가 중요하다. 우리는 미국의 인쇄물을 받고서 우리가 생산한 물건을 줄 용의가 있는 것이다. 화폐 양식도 비슷하다. 대부분 국가의 돈은 네모난 모양에 그림이 있고 발행자와 화폐 가치가 기록되어 있다. 하지만 화폐로서 인정받는 이유는 화폐에는 반드시 포함되어야 할 내용이 있고 정부가 보증하기 때문이다. 그리고 화폐에도 일련번호가 있다.

최고 의사결정권자의 가장 중요한 업무는 인사(人事)이며, 인사의 궁극적인 목적은 소통이다[38]. 그래서 그는 소통이 제대로 이루어지고 있는지를 항상 확인해야 한다. 노력에도 불구하고 무언가 잘 안 될 때는 무엇을 더하는 것이 아니라 직접적인 소통을 시도해야 한다. 소통에 신분과 자격을 따지거나 원하는 사람과만 얘기하는 것은 환관을 통해서만 보고 받는 왕이나 다름없다. 조직에는 보스(Boss)도 리더(Leader)도 아닌 사람들이 있다. 지시는 명확하지 않고 의사결정은 예측할 수 없으며 현재 상황보다 과거의 관습에 집착한다. 전체보다 '자신이 생각하는 급한 일'을 먼저 한다. 이것을 다른 사람들은 모두 알고 있지만, 상황은 변하지 않기에 소통이 어렵다고 한다.

38) 故 최인호 작가의 소설을 원작으로 한 드라마 '상도(商道)'에서 "장사란, 이윤을 남기는 것이 아니라 사람을 남기는 것이다"란 말을 통해 임상옥은 배움을 이루었다. 그는 격의 없는 소통을 통해 모든 시장 상황을 꿰뚫고 있었다. 그래서 중국인들과 과감한 거래를 통해 단번에 거상(巨商)이 될 수 있었다.

현장에 문제가 발생하면 상황적인(제어할 수 없었던) 문제인가 원인적(제어하지 못해서 발생하는) 문제인가를 구분해야 한다. 우리의 삶은 어느 것이든 명확하게 흑백으로 구분되지 않는 세상이기에 약간의 검은 빛을 보고 반드시 '저것은 검다'라고 얘기할 수는 없다. 그러나 우물쭈물하는 사이 상황은 변해간다.

2014년, 빌 게이츠는 워런 버핏이 빌려준 책 한 권의 내용에서 큰 감명을 받았다. 그런데 이 책은 1970년대 이미 절판되었음을 알게 되었다. 다른 사람들에게도 반드시 이 책을 권하고 싶었던 그는 크게 아쉬워했다. 그래서 그의 적극적인 지원으로 43년 만에 재출간이 된 책이 존 브룩스(John Brooks)의 『경영의 모험』이다. 여기에서도 작가는 미국 산업계가 안고 있는 문제 중 하나로 커뮤니케이션을 지적했다. 커뮤니케이션은 이미 오래도록 모든 조직에서 화두로 삼고 있는 문제인 것이다. 하물며 기본적으로 세 개의 조직(컨소시엄일 경우에는 더 많은 조직)이 동업해야 하는 건설사업에서 커뮤니케이션은 우리에게 어떤 의미가 있겠는가?

05

현장 조직 구성에 대하여

건설 현장에는 도급사에서 파견된 현장소장과 하도급사에서 파견된 현장소장이 있다. 그를 공무가 받치고 있고 시공과 안전, 품질 분야의 사람들이 있다. 그중에서도 공무는 현장의 실질적 이 인자이며 외주, 원가, 자재, 공정, 설계변경, 품질, 안전, 경비출납 등 모든 실무를 담당한다. 그래서 현장이 개설되면 소장과 공무 두 사람이 파견되고, 이어서 안전이나 품질, 그리고 관리 담당이 오면 차례로 안전, 품질, 자재와 경비출납 업무들이 그들에게 넘겨진다. 그런 만큼 그의 역할과 업무는 중대하다. 공무팀이 구성될 만큼 규모가 있는 현장에서 대내(對內)와 대외(對外)업무 담당자로 나눌지라도 외주, 원가, 설계변경 업무는 결코 그를 떠나지 않는데, 바로 현장의 이윤을 창출하는 근본조직이기 때문이다. 그런데 '공무(工務)'를 영어로 표현하면 어떻게 될까? 외국 건설사에도 그런 명칭이 있을까? 실질적인 그의 역할은 소장을 보좌하는 참모 (參謀)이고 해외 일반 조직에도 참모는 있다. 하지만 그들은 Advisor (Adviser), 혹은 Staff나 Handler로 불린다.

건설현장조직의 현장소장과 공무는 대통령과 총리의 구성과 닮아있다. 나라마다 권한의 크기와 역할이 조금씩 다르지만, 근본적으로 둘은 국가 의 대외적 업무와 대내적 업무의 최고 결정권을 갖고 있다. 중요한 것은, 그들은 군(軍) 통수권과 인사권을 갖는다는 사실이다. 현장에서 발주자와 감리, 그리고 인허가 기관을 상대하는 대외적 업무와 본사와의 대내적 업 무를 도맡고 있는 두 사람이 현장의 다른 구성원들과 다른 것은 현장의 자금과 이윤을 담당하고 현장 직원들의 인사권을 갖기 때문이다. 때로 관 리 담당이 경비 지출에 관여하며 소장과 별도의 권한을 갖기도 하지만, 그는 건설계약과 관련된 직접적인 대외적 활동을 하지 않기에 내부 사정 으로 국한해서 이해되어야 한다.

39) 명시되어 있지 않지만, 건 설기술관리법이 생긴 이래로 건설기술진흥법 시행규칙 제50 조 등의 내용은 품질관리자는 품질관리 업무에 전임하도록 공무를 포함한 다른 업무와 겸 임할 수 없다고 해석되고 있다. 안전관리자 역시 건설산업기본 법과 산업안전보건법 시행령 제12조 등에서 일정 규모 이상 의 현장은 겸임하지 못하고 안 전관리자를 별도로 선임하도록 하고 있다.

공사가 시작되면 시공사는 품질관리자와 안전관리자를 선임39)하지만, 그들의 역할은 공무의 보조 역할로 머물고 있다. 그러나 품질이나 환경은 별도로 관리되어야 하는 것 이 아니라 현장에서 공사를 수행하는 과정에서 이루어지는 것이다. 현장에서 품질과 안전관리는 문제나 사고가 발생하 지 않도록 '사전에 조치'를 취하고, 교육을 통해 조심할 것과 필요한 설비에 대해 미리 알려주는 역할이다. 현장 시험실에서의 품질 관리는 시공한 '결과물을 확인' 하는 것이다. 현장에서 안전사고가 나더라도 안전관리자에게 직접적인 책임이 있는 것이 아니고 품질 문제가 발생하더라도 품질관리자가 직접 책임지는 것이 아니다. 그런데 왜 그들은 공무의 통제를 받아야 지시를 받아야 할까? 그들의 진짜 역할은 무엇일까?

라마르크의 용불용설(用不用說)은 생물학계에서는 KO패를 당했다고 하더라도 사회 조직에서는 훌륭히 들어맞는다. 한국의 국가대표 선수들은 직업과 상관없이 오직 훈련에만 매진한 결과 국제무대에서 값진 성과를 달성하고 있다. 이런 현상은 서울 올림픽을 유치하면서부터 성과를 내기 위한 하나의 시도였고, 그 결과는 훌륭했다.

우리나라에 건설업이 활성화가 된 1960년대 즈음, 건설 현장에는 언제나 복잡한 계산과 문서 작성이 가능한 관리직이 부족했다. 모든 서류는 손으로만 작성되던 때, 100개의 현장이 있다면 100명의 소장과 100명 이상의 문서 작성을 할 줄 아는 이가 필요했다. 현장 공사담당들도 서류 작성을 한다. 그러나 그것은 만들어진 양식에 기재하는 것이다. 현장의 주요한 문서 작업은 군(軍) 행정병처럼 선발된 그들에게 몰렸고, 그들의 역할은 점점 중요해졌다. 일의 중심이 그들에게 쏠리자 권위도 그들에게 옮겨졌다. 그들은 이것을 도제식으로 배우며 경험을 전수했다.

품질과 안전관리자에게 권한이 있어야 한다

해외에서 파트타임(Part-time) 또는 임시직(Temporary)은 말 그대로 시간과 개인 문제가 업무 형태를 결정하는 요소이고 회사는 그의 역량에 대한 필요성 때문에 그를 초빙하는 형태이기에 그의 대우는 결코 상근직(Permanent)보다 못하지 않다. 계약에 따라서는 그가 일을 준비하는 상황까지 고려해서 더 높은 보수를 지급하기도 한다. 한국에는 IMF 이후 고용문화에 변화가 생긴다. 그러나 한국은 '비정규직'이라는 생뚱맞은 용어로 정착했다. 초기에는 갑자기 일터를 잃고 다른 분야에 왔으니 기존의 상근직보다 역량도 부족했고 그들 역시 이런 임시직 상태가 오래갈 것으로 생각으로 임하지 않았기에 약간의 손해는 감수할 용의가 있었을 것이다. 하지만 이 상태가 길어지는 동안에 그들의 불합리한 고용 형태는 고착되었다. 똑같은 일을 하게 되었고 이제는 그들이 결코 상근직과 비교해서 역량이 부족한 것도 아니요, 오히려 변화가 커지는 환경에서 더 많은 경험으로 기존의 상근직이 해내지 못 하는 일들을 처리하는 역량의 역전화가 발생하지만, 기존의 틀은 여전히 고수되고 있다.

건설에서는 일상적이던 상황이 사회의 변화와 함께 점차 현장관리직에도 영향을 끼쳤다. 현장에서 일용직이나 단순보조직 채용을 하던 업무가 비정규직 관리자 채용까지 연장되었고 그렇게 채용된 이들에게 맡겨진 업무는 공사와 품질, 안전 분야였다. 현장은 더욱 채용관리자들에 의해 통제되었고 이제 이 방식은 감리제도만큼 뿌리내리게 되었다.

건설업 환경의 변화와 종합건설업 체제가 들어서면서 현장소장의 역할은 바뀌었다. 대부분은 영업맨이고 경력만으로 적격 기술자가 된 현장소장은 공사담당이다. 해외 현장에서는 발주자와 현장 직원이나 작업자들의 일탈과 본사의 성화에 시달리고 있다. 그러나 공무의 핵심적인 역할은 여전히 변함이 없다.

1990년대 유럽의 ISO 시스템이 들어오면서 표준화를 통한 체계적인 품질관리에 관심이 모였다. 안전관리도 OHSAS 18001을 거쳐 ISO로 통합되었다. 이런 활동은 전국 건설업체나 협회보다는 국내의 건설을 이끌던 일부 상위 건설사의 영향력이 컸다. 특히 당시의 대형 건설사고들은 품질과 안전관리에 경각심을 일으켰다. 법이 개정되고 그들의 역할에 힘을 부여하였다. 새로운 업무에는 새로운 서류 작업이 필요했다. 하지만 공무는 여전히 원가와 이윤관리와 경비 운영에 바빴다. 품질관리자나 안전관리자는 '관리기법'에 대하여 연구하고 데밍과 산업공학의 기법들을 배우며 새로운 방안을 적용하려 하지만, 그들이 비정규직이든 정규직이든, 건설 현장의 이윤 창출이 더욱 어렵고 중요성이 커진 현재, 여전히 그들은 공무의 권위를 뛰어넘을 수는 없다. 그들이 작성한 품질과 안전관리에 대한 계획, 그리고 분석과 적용이 공무의 일에 방해되지 않도록 조심조심할 뿐이다.

그런데, 공무의 눈치만 보며 형식적인 서류 작업만 하는 것이 발주자에게 필요한가? 시공사에는 그 서류가 왜 필요한가? 품질관리란 것은 별도의 활동이 요구되는 것이 아니라 사업이 진행되는 동안 모든 활동 자체가 품질관리 활동이어야 한다. 외주관리, 계약관리, 원가관리, 공정관리 모든 것이 품질관리를 위한 노력이다. 안전관리는 나와 참여한 모든 이가 원원하기 위한 성공의 근본이다. 시공사 조직과 비용이 가벼워져야 시공사는 경쟁력이 강화되고 발주자의 비용은 가벼워진다.

　모든 조직은 계선조직(Line Organization)과 참모조직(Staff Organization)으로 구성된다. 이제는 공무가 아니라 안전과 품질이 참모조직이어야 한다. 그들이 계획(Plan)을 세워 현장에서 따르도록 하고, 현장에서 수행된 것(Do)에 대하여 사후 확인(Check)하여 더 나아지도록 이끄는 것(Action)이다. 그러나 법이 다른 업무를 공유하지 못하게 하는 사이, 그들의 업무는 서류에만 남아있고 그들은 여전히 공무 담당의 영향 아래에 있다. 법은 일방적인 벽을 쌓지 말고 현장은 근본으로 돌아가야 한다. 해외 건설사에서는 공무란 조직을 찾아볼 수 없다(Contract Engineer가 있지만, 그의 역할은 공무가 아니다. CM인 경우에 그는 계약과 기성, 그리고 클레임을 담당한다). 해외의 그들은 각자의 분야에서 발생하는 것은 각자가 해결하고, 소장은 직원들을 통제하기보다 그들의 일을 도와줄 뿐이다. 건설 현장에서 보스(Boss)가 아니라 리더(Leader)[40]가 이끄는 현장은 어떻게 달라질까? 현장조직에서 역할에 명확한 인식과 변화가 필요한 시점이다.

[40] 보스와 리더의 차이는 수많은 말과 설명보다 http://www.venturesquare.net/547968와 https://steemkr.com/kr/@chul77bcoxp에서 찾을 수 있는 그림이 훌륭히 표현하고 있다. 보스는 위에서 군림하는 자가 아니라 앞에서 이끌어 주는 사람이다.

한 걸음 더 나아가

① 감리나 건설사업관리자의 조직

감리나 건설사업관리자의 조직에도 토목, 건축, 기계, 설비, 소방과 같이 각각의 공종에 대하여 세분되어 있다. 이것은 각 해당 공종에 대한 전문지식도 필요하겠지만, 시공사에서 각각의 역할을 맡았던 사람들이 그대로 이곳에 근무하기도 하고 시공사의 조직과 맞대응하기 위해서이기도 하다. 해외에는 토목과 건축을 함께 관리하기도 하고 설비 분야에는 MEP 엔지니어(Mechanical, Electrical & Piping Engineer)가 전체를 관리하기도 한다. 우리는 건설 회의를 할 때 건축, 토목, 전기, 기계, 배관 등 모든 분야의 엔지니어가 모두 참석해야 하지만 그들은 그 산업 전문가 두세 명만 참가한다. 특히 그들이 자국이 아닌 해외의 공사 현장을 관리하는 모습을 보면 더욱 그러하다. 그들은 현장에 상주하는 엔지니어(Resident Engineer)는 한두 명 정도로 최소한만 두고 모든 보고는 그를 통해 받으며, 실질적인 엔지니어는 필요할 경우 두세 명 정도가 본사에서 가끔씩 와서 회의에 참석하거나 현장의 상황을 살펴보며 비용을 줄인다. 예를 들어 10MW 규모의 발전소 현장에 배치되는 인원은 각 공종에 따른 모든 엔지니어가 배치되는 것이 아니라 본사에서는 '발전 전문가(Power Plant Expert)'와 토목(Civil Engineer) 혹은 구조(Structural Engineer) 정도가 배치된다. 그들이 현장에 와서는 상주 엔지니어와 얘기하고, 만일 더 상세한 부분에 대한 전문 분야는 그때 다른 전문가에게 물어본다. 현장에서 상주하거나 투입하는 인원이 적으니 개인에 대한 비용은 비쌀지라도 전체 감리비용은 한국 기업보다 더 저렴하다.

그들이 이렇게 할 수 있는 것은 두 가지 때문이다. 첫째, 그들은 무엇을 모르는지 알고 질문할 수 있다. 우리는 서로 다른 분야에 대해서는 질문도 못 한다. 그 이유는 공개적으로 질문하는 것을 배우지 못하였고(여기에는 쑥스러움과 함께 물어보는 것은 자존심 문제가 있다), 다른 영역으로의 침해에 대한 배려와 같은 우려 때문이 아닐까? 두 번째로 그들은 공종 중심이 아니라 산업 중심으로 엔지니어가 형성되어 있다. 그들이 하는 일은 직접 시공을 하는 역할이 아니라 그 분야를 이해하고 그들을 도울 수 있는 관리자 역할이기 때문이다. 그래서 발전 전문가(그가 토목이 전공이든, 기계가 전공이든, 혹은 전기나 다른 분야가 전공이든)와 그를 뒷받침할 다른 분야의 전문가만 있으면 된다.

② 발주자의 조직

발주자의 조직은 매우 다양한 형태이지만, 전문 발주를 하는 조직은 대부분 시공사나 감리 조직과 큰 차이가 없다. 하지만 그런 형태는 프로젝트 수행에 방해만 될 뿐이다. 프로젝트 수행을 위한 최적의 조직 형태는 프로젝트 관리형 조직이다. 그러나 발주자의 조직이 공종으로 나뉘어 있으면 매트릭스 조직이나 다른 형태에 가깝다. 그래서 지시의 계통이 일관되지 못하고 감리와 시공사에는 혼란을 가져다준다. 만일 시간과 비용에 초연한 기관이라면 그다지 문제 되지 않을 것이다. 그러나 점점 그런 조직은 사라지고 있다.

그리고 별도의 조직이 없이 교회를 짓거나 공공시설을 건축하기 위한 의사회나 공동 의결권이 있는 경우다. 만일 이들이 공사 중에 변경이 진행된다면 큰 문제가 되지 않을 것이다. 그러나 많은 경우에 이 역시 의사결정을 위한 혼란과 지연을 초래한다.

이들을 위해 가장 필요한 건설사업관리 방안은 건설사업관리자 발주자의 의사결정을 돕고 다양한 발주자의 요구사항을 이해하고 조정할 수 있는 "코디네이터(Coordinator)"로서 역할을 하는 것이다. 이때 건설사업관리자는 사전에 문제의 규모와 미치는 영향을 검토하여 의사결정에 따른 비용 낭비 최소화를 막고 기간 변경에 대해 이해관계자들과 미리 이해시킬 수 있어야 한다. 건설사업목표는 뒤늦게 합리화하는 것이 아니라 사전에 조율하는 것이다.

06

의사결정, 속도보다는 방향이다

네 종류의 사람이 있다. 머리가 똑똑하고 성실한 사람, 똑똑하지만 게으른 사람, 똑똑하지 않지만 성실한 사람, 그리고 그 어느 것도 아닌 사람. 이 중에서 조직에 가장 부담을 주는 사람은 누구일까? 네 번째 유형일까? 하지만 인사를 담당하는 사람들은 대부분 세 번째 유형을 꼽는다. 왜냐하면, 잘 모르면 아무것도 안 하겠지만 세 번째 유형은 잘 모르면서 무엇을 열심히 하기 때문이다. 그것이 운 좋게도 팀이 나아가는 방향이면 다행이지만, 골대를 모르고 뛰는 선수가 팀 승리에 기여할 리가 없다. 조직은 무턱대고 성실한 사람보다 목적에 도움이 되는 사람을 원한다.

중요하다는 것은 사람마다 다르고 가치관에 따라 다를 수 있다. 그러나 사업이 끝난 뒤에는 누구든 명확하게 얘기할 수 있다. 목적을 달성했는가, 그리고 생각 못 한 역기능은 없는가이다. 완공 뒤 건축비가 예산보다 너무 많이 들었다거나 공장 완공이 늦어져 생산에 차질을 빚어지진 않았는가? 4대강 사업이 성공적이라고 할 수 없는 이유는 수질 개선과 수자원 개발이라는 목적으로 시작했지만, 결과는 녹조를 유발하고 생태계를 파괴하고 있기 때문이다. 이미 알고 있었지만 부각하고 싶지 않은, 역기능의 결과가 훨씬 더 큰 것이다.

전문가들은 인간 이성의 불합리한 면을 보여주는 단면으로 "쓰레기통 이론(Garbage Can Theory)"을 들고 있다. 중요한 정책 결정이 이성적으로만 이루어지는 것이 아니라 문제, 해결책, 참여자, 선택기회란 요소들이 제각기 움직이다가 어떤 계기로 교차하며 '우연히' 이루어진다는 내용이다. 황당하다. 그러나 우리는 국회의 쪽지 예산과 탁상행정 같은 경우를 이미 많이 보아왔다. 아프리카 국가들의 경계선을 본 적이 있는가? 그것은 1884년, 열강들이 베를린의 비스마르크 집무실에 모여 지도에 자를 대고 선을 그으며 탄생했다. 거기에는 그 어떤 아프리카인들을 위한 고려도 없었다. 그 결과 투아레그족은 니제르, 말리, 알제리, 리비아 등으로 나누어졌다. 에웨족은 70만 명이 가나 국민으로, 40만 명은 토고 국민이 되었다. 그 후 그들은 끊임없는 국경 분쟁과 민족 갈등으로 전쟁과 테러, 제노사이드를 반복하며 지금까지 내전과 혼란을 겪고 있다. 우리의 38선도 그렇게 그어졌다. 천만 명의 목숨을 앗아간 세계 1차 대전은 긴장 속에서 한 방의 총성으로 시작되었고, 십자군 전쟁은 남루한 옷차림의 수도사 피에

르의 "신이 바라신다"란 열변 아래 시작되었지만, 정작 아홉 번의 출전 중에 예루살렘 수복은 한 차례에 불과했다. 그들은 오히려 콘스탄티노플을 약탈하거나 장사로 잇속 챙기기에 열을 쏟았고 그사이 중세 유럽은 무너져갔다. 이처럼 가중된 논란 속에 우연한 계기로 이루어진 결정은 해결책을 낳기보다는 문제만 남긴다.

아마존을 현재의 공룡기업으로 변모시킨 제프 베조스는 "대다수 결정은 정보를 70퍼센트쯤 얻었을 때 내려야 한다"며 결정의 신속성도 중요하다고 말한다. 90퍼센트를 얻을 때까지 기다리면 대부분 늦다, 어느 쪽을 택하든 틀린 결정을 빨리 알아채 바로 잡을 줄 알아야 한다, 진로 수정에 능숙하다면 틀린 결정도 생각보다 희생이 크지 않을 것이다, 하지만 느린 결정은 틀림없이 대가가 클 것이라는 그의 조언이다. 우물쭈물 하고 있는 것인가, 참고 또 참으며 때를 기다리고 있는 것인가? 전자는 변명을 말하고 후자는 침묵하지만, 사업이 끝난 뒤에는 모든 것이 판명 나게 되어있다. 누구를 신뢰할 것인지는 우리의 몫이다.

현장에서는 주간회의나 월간회의가 열리곤 하지만 많은 사람이 참여하는 회의는 보통 의사결정을 위한 자리가 아니다. 방향성도 없이 서로 다른 생각으로 모여 논의를 시작하는 회의에서는 결코 제대로 된 의사결정이 될 수 없다. 그런 회의는 더 많은 자료와 증거물만 요구하고 결정은 항상 다음 회의 때다. 그래서 문제의 해결은 관계자들과 사전에 개별적으로나 작은 회의와 대화를 통해 지속해서 소통해야 한다. "멀리 가려면 함께 가라"[41]는 의미는 무조건 모두가 모여서 가라는 것이 아니라 친구를 만들어 함께 가라는 의미다. 친구는 단체가 모인 자리에서 만들어지는 것이 아니라 따로 만난 자리에서 서로

41) "빨리 가려면 혼자 가고, 멀리 가려면 함께 가라"는 아프리카 속담이다. 정글과 사막에서 살아온 그들의 지혜가 담긴 말이다.

를 알아 가며 친해지는 것이다. 정상 회담을 위해서는 그전에 수차례의 실무 회담과 정보와 자료 교환이 이루어진다는 것을 기억해야 한다.

그렇다고 정상적으로 진행하지 않고 변칙을 자주 사용하는 것은 문제의 해결보다 발생만 일으킨다. 사업에 문제가 끊임없이 발생하고 갈등과 분쟁만 늘어나고 있다면 반드시 원칙에 어긋나는 처리가 많은 상황이다. 정상적인 일 처리라는 것은 상호의 역할에 따라 책임을 갖고 행하는 것이다. 정상적으로 진행된다는 말은 누구든지 투명하게 미래를 예상할 수 있다는 의미이기 때문이다. '나도 알아'라고 말만 하는 사람은 공부하지 않는 사람이다. 정말 누구나 알고 있다면 그 많은 교육과 지침과 가이드라인은 불필요할 것이다. 설명서 한 번 읽지 않고 스마트폰을 조작하고 새로 산 차량을 금방 몰 수 있는 것은 그가 똑똑해서가 아니라 그렇게 할 수 있도록 많은 이들이 노력했기 때문이다. 모든 업무에 무료 서비스 센터가 있는 것은 아니다. 실무자는 일이 많아 힘든 것이 아니라 눈치를 봐야 하고 방향을 모르기 때문에 힘들어한다.

일정관리란, 반드시 단축하는 것만을 의미하는 것이 아니라 원하는 시기에 착수와 완료를 할 수 있는가이다. 설계와 계획을 할 때는 공사 착수 시점이 계획 시점에 가능한가이며, 공사를 끝낼 때는 원하는 시점에 완료

하면 된다. 따라서 무조건 빨리 끝나는 것이 아니라 가장 원만하게 완료해야 한다. 일정 단축은 비용과 품질에 영향을 주기 때문이다. 사업이 끝나고 모두가 웃는 현장은 사업이 끝난 뒤에도 사람들은 서로 다시 만난다. 이윤도 남겼지만 사람도 남겼기 때문이다. 당신 주위에 친구가 많다면 당신은 분명 크고 작은 많은 사업을 성공으로 이끌었을 것이다.

Chapte 03

建設
事業
管理
tory

감리를 넘어 다시 CM으로

01
—
감리, 그리고 CM은 무엇이 다른가

한국은 1960년대부터 점진적으로 건설산업에 감리제도를 도입하였다. 법에서는 1963년에 제정된 건축사법에서 가장 처음 선을 보였고 이후 건축법에도 등장하지만, 이를 가장 체계적이고 구체화한 것은 1987년에 제정된 건설기술관리법이었다. 이 법은 인프라 시설 중심인 공공 사업을 발주하기 위한 것이었는데, 이를 통해 민간에서 시행되던 감리 역할을 공공 발주에 도입하게 되었다. 이 법에서 책임감리와 시공감리, 검측감리[42], 그리고 설계감리로 세부적으로 구분하며 체계화하였지만, 국토개발이 완료 단계에 이르게 되고, 점차 건설의 중심이 공공에서 민간으로 넘어오고 2014년 건설기술진흥법으로 대체되면서 감리의 구분은 사라졌다. 현재 '감리'에 대한 정의와 역할은 하나의 법령에서 규정하고 있

[42] 해외와 비교하면 책임감리나 시공감리는 Superintendent란 의미로 유사하지만, 검측감리의 역할은 Inspector가 맡고 있는데, 그는 단순 기능직에 속한다.

는 것이 아니라 여러 법에서 각각 기술하거나 서로를 준용하고 있다. 그래서, 감리는 무엇을 하는 것인가?

법이나 정부기관의 지침에 따르면, 감리는 발주자가 '관계 법령에 따라 위반되지 않게' 이루어지도록 하는 책임을 지고 있다. 하지만, 무엇인가 조금 부족하다. 많은 경우, 건설사업 하나가 끝날 때 즈음엔 예정 일자보다 늦어지고 비용이 늘어나 있기 때문이다. 과거에 공공기관은 규정에만 어긋나지 않고 예산만 반영되어 있으면 비용이 늘어난 것은 문제가 되지 않았다. 비용과 공사 기간에 관심이 없다면 감리만으로도 충분하다. 그러나 과거의 우리와 달리, 오늘날 우리가 물건을 살 때 디자인 정도만 눈여겨보는 이유는 품질은 이미 어느 정도 확보되어 있다고 생각하기 때문이다. 당신이 차를 살 때 관심은 가격과 디자인인가, 내구성과 품질인가?

우리의 법은 훌륭하여, 법만 제대로 지켜진다면 품질에 대한 것은 확실하다고 여겨진다. 품질에 문제가 생기는 것은 규정대로 하지 않았거나 인간의 실수 때문이다. 건설은 제조업과 달라서 하나를 완성하기 위해 수개월에서 수년의 시간이 소요된다. 그런데 문제는 걸핏하면 비용이 올라가거나 기간이 연장되는 것이다. 그 이유를 살펴보면 발주자의 생각이 바뀌거나[43] 인허가나 민원으로 인한 것도 있지만, 알게 모르게 시공사의 이유로 지연되는 것도 있을 것이다. 그 모든 문제는 "실질적인 관리의 부재"에

43) 다시 한 번 영화「건축학 개론」에서 예를 살펴보자. 서연이는 제주도에 자기 집을 새로 지으면서 거의 다 완성된 순간, 승민이에게 통째로 바꾸도록 얘기한다. 아마 승민이와 시간을 더 끌고 싶은 욕심이 살짝 묻어 있었을지 몰라도 이런 상황이 민간 공사에서는 가끔 발생한다.

서 비롯된다. 그러나 발주자가 하나의 전문분야인 복잡한 건설업을 잘 알고 있기도 어려울 뿐만 아니라 현장을 늘 지켜보고 있을 수도 없다. 그럴 때 그는 '나를 대신해서 봐 줄 사람이 있을까' 라고 생각하게 된다. 지금까지는 감리자에게 맡기면 될 것이라고 하였으나, 수십 년간 품질관리와 법규 준수에 매진했던 감리자에게 발주자의 입장에서 공사 일정과 비용관리 업무를 요구하는 것은 별개의 역량이 필요로 한다. 그는 발주자가 되어본 적이 없고 법규에는 그가 발주자가 되어야 한다는 규정이 없다. 직원들에게 주인의식을 갖고 일하라고 하지만 그들이 사장처럼 직원들의 급여일을 걱정하고 있는가?

1994년 성수대교 붕괴 이후, 건설업계는 엄청난 국민의 불신에 시달렸고 동시에 자성적 발전의 필요에 대한 목소리가 그 어느 때보다 드높았다. 이때 선진국형 건설사업관리 방법이라며 도입한 것이 CM (Construction Management)이다. 이를 놓고 번역을 어떻게 할 것인가에 대한 논쟁도 많았지만 결국은 "건설사업관리"라는, '일반 명사를 고유 명사화' 하는 것으로 귀결되었다. 그 시행방안은 더욱 문제였다. 기존의 감리 제도와 상충하는 것이 많았고, 각종 학회 발표에 자주 등장시키며 학계에서도 높은 관심을 표방했지만, 업계의 현실과 어떻게 조화시킬 것인가는 여전히 연구 과제였다. 이를 먼저 도입한 업계에서는 CM과 감리를 분명히 구분해야 한다는 주장도 있었지만, 결국 건설기술진흥법에서 '둘은 동일하다' 고 결론지었다[44]. 이와 함께 "책임감

44) 건설기술진흥법 제2조 제5항 참고.

리"란 용어 대신 "감독 권한 대행"이라는 애매한 표현을 사용하게 되었다. 공공에서는 비용보다 책임이 중요하다는 인식의 반영으로 보이는 단면이다.

여기에 맹점이 있고 이 책에서 말하는 CM이나 건설사업관리와의 의미와는 다소 차이가 있다. 법은 모두에게 공평한 만큼 평준화를 이룩하면서 "평균화의 오류[45]"를 내포하고 있기 때문이다. 그렇다고 해도 기존의 감리가 발주자가 원하는 역할을 하는 것은 아닌 만큼, 그 필요성이 총성 한 방으로 사라지는 것이 아니다. 건설기술진흥법에 '건설사업관리자'라고 명명되었으나 감리를 규정한 모든 다른 법들의 개정은 아직 이루어지지 않고 있어 여전히 현업에서조차 둘은 개념과 용어 사용에서 혼란을 겪고 있다. 감독 권한 대행이란, 어디까지 감독의 권한을 대행하는 것인가? 그의 생각은 발주자의 생각과 동일할까?

CM이란, 한국의 법적 유럽과 미국에서는 감리제도와 같이 체계화된 건설시스템이 아니라 민간을 중심으로 한 자연발생적 시스템이다. 실제로 미국에서는 CM 자격을 인증하는 곳은 2개 주(州) 밖에 되지 않는다[46].

45) "평균화의 함정"이라고도 하는데, 이를 설명하는 유명한 일화로 강을 건너는 부대의 이야기가 있다. 어느 부대가 행군 도중 평균 깊이가 1.5m인 강에 마주쳤는데 부대원들의 평균 키가 1.8m라고 알고 있는 대장은 도하를 명령했다. 그런데 키가 1.8m가 되지 않거나 깊이가 1.5m보다 깊은 곳에서 대부분의 병사들이 익사했다. 신장이 1.8m가 안되면 베테랑들도 예외가 없었다.

46) 『미국 CM A to Z』(미국 CM협회, 김한수, 한미파슨스 공저, 보문당)을 참고.

로마가 시민군에서 점차 외국인 용병을 도입한 후로 중세에도 외국인 용병들을 사용하였다. 그리고 이들 중에서 특히 스위스 용병들이 용맹하기로 유명했다. 스위스의 환경은 험한 산지로 이루어져 농경지나 생산 수단이 거의 없는 데다가 주위는 사나운 적들로 둘러싸여 있다. 지금도 그들을 둘러싼 프랑스, 독일, 이탈리아는 유럽의 강호들이지 않은가! 그들은 율리우스 카이사르(Caesar)와 맞서 싸운 갈리아족의 한 갈래인 헬베티족이었다. 스위스 프랑은 CHF(Confoederatio Helvetica Franc)라고 하는데, 이것은 헬베티아 연방의 의미이고 여기에 헬베티아와 프랑크가 근원이라는 의미가 담겨 있다. 14세기 유럽이 말과 값비싼 장비를 갖춘 기병이 주역일 때, 그들은 보병만으로 합스부르크 왕가의 오스트리아 군대를 연이어 쳐부수고 독립을 쟁취하였다. 이후 그들은 생계를 위해 유럽의 용병으로 나섰다. 교황 율리오 2세도 당시 근위병의 일부로 그들을 고용하였는데, 1527년 클레멘스 7세 때가 되어 신성로마제국의 카를 5세가 로마를 약탈하는 일이 일어났다. 전투가 벌어지자 다른 유럽 국가들의 용병들은 모두 도망쳤으나 스위스 근위대는 189명 중 147명이 전사하면서도 끝까지 교황을 지켜냈다. 이에 감복한 교황은 이후 오직 스위스 근위대만 고용하도록 하였고 그 결정으로 인한 결과는 지금도 바티칸을 가면 스위스 근위병들을 볼 수 있도록 하고 있다.

그들이 단순히 생계만을 위해 나섰다면 목숨을 잃으면서까지 버틸 필요는 없었을 것이다. 로마의 용병들도 게르만 야만족들이 쳐들어오자 일시에 도망치며 로마가 무너졌고 중세의 용병들도 고용주와의 서약은 애초에 지킬 마음이 없었다. 스위스 근위대 역시 고용된 용병에 불과했음에도 불구하고 그들이 지켜야 했던 것은 무엇이었을까? 그들은 계약을 소중히 생각하였고 자신의 운명보다 가족과 후손들의 운명을 책임지고자 했다. 그래서 그들은 전쟁터에서 다른 상대가 고용한 스위스 용병끼리 맞서기도 하고 때로는 아버지와 아들이 적대관계로 만나기도 했으나 오직 그들의 고용주를 위해 용맹하게 싸웠다고 한다. 그들은 자기들의 행동이 후손들에게 어떻게 영향을 미칠지 잘 알았다. 유럽의 국가들과 교황이 그들을 사랑했던 이유다.

02
—
그들은 왜 CM이 필요했나

　　　　　　　국가 운영처럼 장기적이고 많은 사람의 운명이
걸린 일을 운영하는 데는 삼권 분립이 효율적일 것이다. 그런데 묘하게도
완료가 필수적인 건설사업도 삼권 분립을 추구하고 있다. 예산과 계획을
담당하는 발주자와 기술적인 판단을 하는 감리, 그리고 이들을 실천으로
옮기는 시공사다. 그러나 건설사업은 건설 자체가 궁극적인 목적이 아니
라 과정이며, 발주자를 제외하면 다른 이들은 임시적인 조직이다. 짧은
기간에 많은 힘을 내려면 방향을 이끄는 리더와 그를 돕는 사람들이 필요
하다.

　우리나라의 건설이 국토재건을 위한 국가 주도로 이루어지며 발주자는
국가였고 지식인들은 민간보다는 국가에 봉사하고 있었다. 건설에 대한
지식은 해외에서 배워온 공무원들이나 지식인들이 민간에 전수하였다.

따라서 법은 건축물보다 인프라 시설 중심의 건설에 초점이 맞춰졌다. 하지만 미국과 유럽의 건설에서 민간부문은 오래전부터 국가보다 앞서 나갔다. "증기기관차 토마스"를 낳은 영국과 미국의 철도는 민간자본에 의해 건설되었고, 하늘을 찌르는 마천루들은 기업들이 급성장하던 무렵에 계획되었다[47]. 건축주들은 엔지니어 용병들을 고용하였고 그들은 발주자의 계획을 구체화 시킬 수 있도록 자문하였으며, 건축주들은 그들의 말에 귀를 기울였다.

현재 미국 CM 협회인 CMAA(Construction Management Association of America)에서는 CM을 "건설사업의 시작부터 완료까지 시간, 비용, 사업 범위, 품질을 관리할 목적으로 적용되는 전문 프로세스"[48]라고 정의한다. CM의 기원이 언제부터 인지는 명확하지 않지만, 최초의 세계 대전을 통해 미국이 패권 주자로 나서던 1920년대 이미 이와 같은 형태의 서비스가 있었고, 세계 대전 후 재건이 필요하던 유럽에도 마치 감자의 전파처럼 시나브로 전달되었다[49]. 사람들은 자기의 구상을 설계사나 시공사에 얘기하며 계획을 구체화하였고 이를 바탕으로 공사를 발주하였다. 그리고 그들의 전문성과 효율성이 확인되면서 경제 성장과 건설 붐이 일어나던 때를 같이하여 이런 과정은 자연스럽게 확산되었다. 계획단계에서 기술자문을 맡은 자가 시공 단계에서도 기술

47) 초고층 건물은 호황기에 계획되지만 실제 대(大)공사가 끝날 무렵에는 경기가 불황기에 접어드는 경우가 많다. 그래서 1999년 도이치방크의 앤드루 로렌스(Andrew Lawrence)는 '마천루의 저주(Skyscraper curse)'란 용어를 만들었다. 하지만 다시 호황이 찾아오면 마천루는 도시와 국가의 상징이 된다. 말레이시아는 1988년 당시 세계에서 가장 높은 쿠알라룸푸르 컨벤션 센터(KLCC)를 세우며 일약 세계 건설과 경제의 스타가 되었다.

48) 참고로, 원문은 The process for professional management applied to a construction project from project inception to completion for the purpose of controlling time, cost, scope and quality이다.

49) 감자는 옥수수와 함께 신대륙에서 전파되었다. 옥수수는 영양적 가치가 그다지 뛰어나지 않음에도 신대륙에서 신성한 작물로 취급되었던 것에 비해 감자는 서민들에 의해 재배

되었다. 그런 이유 때문인지 초기에 감자는 외면당했다. 그러나 감자는 재배가 쉽고 높은 열량 덕분에 전쟁이나 기근이 들 때마다 꾸준히 가치를 인정받았고, 이후 본격적인 보급과 함께 유럽의 인구는 폭발적으로 증가하였다. 빈센트 반 고흐의 '감자 먹는 사람들'을 보듯이 감자는 일상으로 다가왔고, 우리나라에도 19세기에 구황작물로 보급되었다. 감자는 인류에게 풍요와 번영을 가져다준 중요한 작물이다.

자문은 하였으나 원칙적으로 이들과 시공업체는 분리되었다. 하지만 작은 규모일 경우에는 공정성의 문제나 전문화의 분류를 넘어 신속한 사업 수행을 위해 직접 시공을 맡기기도 하였으니, 이처럼 순수 기술자문에 머무른 것을 "CM for Fee"라고 하였고 직접 시공까지 맡게 된 경우를 "CM at Risk"라고 부르게 되었다. 이를 한국에서는 "순수(형) CM", 그리고 "책임형 CM"이라고 번역하였는데 이 내용의 일부가 법에 반영된 것이다.

2011년 5월, 건설산업기본법이 개정되며 "시공책임형 건설사업관리"란 용어가 등장했다[50]. 이것은 시공사가 발주자를 도와 사업을 계획하고 공사까지 맡을 수 있도록 허락하는 내용이다. 반대로 설계자가 공사까지 맡는 것도 가능하다. 적어도 기술적으로 둘은 같은 속성을 지닌 것으로 보았기 때문이다. 단어 정의만 보면 시공사들이 이 사업에 참여하는 것처럼 보일 수 있으나 이것으로 실질적인 이득을 본 것은 시공사보다는 설계 업체다. 대부분의 건설사는 역량이 되지 않았고, 대형 시공사는 계획에 참여하며 경쟁 없는 공사 수주가 목표였지만 규모가 클수록 입찰에서 경쟁은 여전히 피할 수가 없는 반면, 작은 공사는 노력에 비해 도움이 되지 않기 때문이다. 발주자는 작은 시공사와 계획을 논의하느니 차라리 설계사와 얘기한다. 그런데 그들은 '시공'이라는

50) 법에서 정의한 원문은 이렇다. "시공책임형 건설사업관리"란 종합공사를 시공하는 업종을 등록한 건설업자가 건설공사에 대하여 시공 이전 단계에서 건설사업관리 업무를 수행하고 아울러 시공 단계에서 발주자와 시공 및 건설사업관리에 대한 별도의 계약을 통하여 종합적인 계획, 관리 및 조정을 하면서 미리 정한 공사금액과 공사 기간 내에 시설물을 시공하는 것을 말한다.

분야에 진출하게 되면서 외형적 성장을 맛보게 된 것이다. 이렇게 규모를 키우고자 하는 일부 설계사들이 시공에 나서면서 점차 설계와 시공의 경계가 무너지고 있고 심지어 턴키(Turn Key)와의 경계도 모호해지고 있다.

전문가에게도 전문분야는 따로 있다

분야의 기준은 무엇이고 '그 분야'가 있다는 것은 어떻게 알까? 보통은 우리가 대학에 그런 학과가 있다는 것을 알기 때문이다. 하지만 우리가 그 분야의 전문가라고 찾으면 그 분야에도 세분된 전문분야가 있다는 것을 알게 된다. 우리가 그 학과의 석사과정이나 박사과정까지 알 필요는 없지만, 우리의 문제를 풀려면 그에 맞는 전문가를 찾아야 하는 것은 당연하다.

전문분야란 어디까지인가? 대학 입학을 준비하는 사람에겐 어떤 학과가 있는가도 알기 어려운데, 사회에서는 이 산업 분야가 어떻게 되어있는지 알기란 더더욱 쉽지 않다. 사실 그 분야의 사람도 자기 경험 범위를 살짝만 벗어나면 그런 분야가 있는지도 모르는 경우가 많다. 만일 호텔이나, 리조트, 신재생, 환경 플랜트, 항만 등에 투자하기 위해 타당성 검토(Feasibility Study)를 한다면 그에 관한 전문가를 찾기가 쉽지 않다. 이름있는 한국의 대형 엔지니어링사들은 대부분 도로나 상하수도, 하천과 댐, 화공플랜트나 발전소 공사를 통해 성장해 왔다. 건축 설계사들은 비슷비

숫한 경험을 갖고 있고, 대부분 영세하다.

무엇보다 엔지니어들은 너무 전문적이고 건축사들은 예술가에 가까워서 내가 이해할 수 있는 부분은 많지 않다. 내가 필요로 하는 전문가를 찾는 것은 또 하나의 성공 요소다. 나는 나를 이해하고 전문가들에게 정확히 전달할 사람이 필요하다.

이처럼 발주자에게는 자신과 시공사를 모두 아는 사람이 필요하다. 대체로 발주자는 건설업에 종사하지 않는 비건설업인들이고 설계사나 시공사는 건설밖에 모르는 사람들이기 때문이다. 따라서 그는 건설업을 아는 전문가이어야 할 뿐만 아니라 발주자들의 경험과 지식을 이해해야 한다. 그리고 양자 간의 중계와 커뮤니케이션을 도와야 한다. 발주자가 올바른 판단을 내릴 수 있는 조언을 하기 위해 건설업자 시각에서 보는 내용을 발주자에게 전달하고 발주자의 생각을 시공사에게 이해시키는 인터프리터(Interpreter)가 필요하다.

한국인의 전문가는 왜 존중받지 못하는가

조선시대 한양에서 파견되지 않고 관아에서 일하는 이방, 호방, 형방과 같은 지방 관료들에게는 별도로 지급되는 급료가 없었다. 그들이 별도의 생업에 임하지 않는 이상 그들의 수입은 백성들의 상납으로 이루어졌다. 그들은 그렇게 백성 위에 군림했다.

1980년대의 화제 소설 『완장』[51]은 그러한 속성이 현시대에도 이어져 왔음을 단편적으로 보여준다. 한편으로 농사를 제외한 생산을 담당하던 이들의 조상은 상당수가 외국인이었을 것으로 추정된다. 신라가 받아들인 발해의 유민에는 고구려인뿐만 아니라 인구의 90퍼센트를 구성하던 말갈족이 당연히 포함되었다. 이후 고려와 조선은 끊임없이 침략을 당했지만, 주변국들보다 비교적 풍요로웠던 탓에 북방이나 왜에서 온 유민들을 받아들이기도 하였다. 하지만 현재도 중국이나 중앙아시아, 동남아시아에서 온 외국인들에 대한 인식에 큰 변화가 없는 것처럼, 그들은 피부색과 문화가 달라 차별을 받았다. 또한 토지가 없으니 농사보다는 자연히 다른 생업을 찾게 되었고 제조업이나 그들이 잘할 수 있는 기술직을 업으로 삼게 되었다. 백정은 대표적인 사례다. 이러한 흐름에서 볼 때, 한국에서 기술자들이 대우받지 못한 이유가 과연 사농공상(士農工商)을 논하던 유교에서만 비롯된 것이었을까는 다시 생각해보아야 한다.

우리의 관료와 양민의 관계, 그리고 공방을 운영하는 이들과의 관계는 이렇게 형성된 것에 비해 유럽에서 받아들인 외국인 중에는 유대인이란 특이한 민족이 있었다. 로마 시대부터 유럽은 피부색이나 언어와 문화가 다른 것이 직접적인 문제가 되지 않았다. 세계에 흩어져 살던 유대인들이 과연 솔로몬 왕의 후예인지는 아직도 논란이 있으나 자기들의 종교를 고수하고 예수를 인정하지 않는 것

51) 이 소설은 사회상을 잘 투영하였다는 평가를 받으며 작가 윤흥길에게 '현대문학상'을 안겨주었으며, 영화로도 제작되어 호평을 받았다. 줄거리는, 동네 건달이던 종술이 저수지 양어장을 감독하는 완장을 차게 되면서 갖은 권세를 부리다가 허망하게 끝난다는 것이다.

52) 유대인의 사회에는 사두개나 바리새 등의 파벌이 있었는데 그들이 예수의 처형을 모의했다. 이후 로마 제국에 반기를 든 유대인들이 예루살렘에서

쫓겨나며 각지로 흩어졌다. 유대인들이 유럽에서 결코 환영받지 못했던 이유다. 이때 일부는 이스라엘의 북쪽인 동유럽으로 퍼져 나가고 일부는 이베리아반도와 지중해 일대로 흘러갔다. 오늘날 주류를 이루는 동유럽계 유대인의 외모는 백인에 가깝다. 비달 사순, 켈빈 클라인, 스티븐 스필버그나 마크 주커버그 등이 우리에겐 유대인이라 보이지 않는 이유다. 놀라운 것은 도널드 트럼프는 유대인이 아니지만, 그의 딸 이방카는 유대인으로 개종하며 유대인이 되었다는 사실이다. 이처럼 오랜 세월 타국 생활 동안 혼혈도 많이 발생하여 현대의 유대인은 혈통보다는 종교와 생활문화로 구분되고 있다.

53) 니얼 퍼거슨은 두 권의 두꺼운 『로스차일드(The House of Rothschild, 21세기 북스)』란 책을 통해 그와 그의 다섯 아들의 놀라운 성과를 아주 자세히 기록하고 있다.

은 오직 신학만이 진리였던 시대에 배척의 대상이 될 수밖에 없었다[52]. 한국의 이방인들과 달리 그들은 종교시설인 시너고그(Synagogue)를 짓고 이를 중심으로 뭉쳤는데, 그들 역시 농업에 종사할 수가 없었던 것은 마찬가지였다. 그들이 생업으로 삼을 수 있었던 것은 교회가 유럽인들에게 금지한 금융업(특히 사채업)과, 교육이 필요한 법률 분야 같은 지식 산업이었다. 유럽이 르네상스와 지리상의 발견, 산업혁명으로 이어지는 동안 그들은 세계 금융을 장악했고 법률과 과학을 이끌었다. 우리나라에서 한국은행은 정부 소유이지만 미국과 영국의 중앙은행은 로스차일드(Rothschild)[53] 가문을 포함한 민간금융업자들의 영향 아래에 있다. 세계 최대의 로펌인 스캐든을 이끈 조 플롬(Joe Flom)은 현대의 변호사들을 "기업 법률자문"이라는 세계로 인도하였다. 그의 특별한 인생은 말콤 글래드웰의 『아웃라이어(Outlier)』에도 소개되어 있다. 그들은 사회와 문화의 발전을 이끌었고 지금의 미국과 유럽을 만든 주인공이다. 실용성을 중시하고 지식에 대한 열망, 그리고 "Do not be Evil"이라는 구글의 모토처럼 정직하게 돈을 버는 것을 덕목으로 삼는 그들의 문화는 전문가들을 신뢰하게 만들었다. 계약은 그들이 가장 중요하게 생각했던 부문이다. 그들은 십계명이라는 신(神)과의 계약으로 시작한 민족이라는 것을 기억해야 한다.

건설사업은 큰 비용이 든다. 반드시 필요한 비용을 제외하면 약간의 변경으로 수천만 원에서 수억 원, 규모에 따라 수십억 원에서 수백억 원이 절감되거나 추가로 지출되기도 한다. 원가 상승은 작은 관리 포인트를 찾지 못한 결과로 발생하는데, 이를 일찍 찾아낼수록 우리의 비용은 절감될 가능성이 커진다. 이미 공사가 진행 중인 상태에서는 이를 변경하는 비용이 추가로 발생하지만, 생각을 바꾸는 데는 비용이 거의 들지 않기 때문이다. 그 과정에서 전문가는 효율성을 가져다준다.

한국 산수화의 새로운 지평을 연 '몽유도원도'는 안평대군이 꾸었던 꿈을 '안견'이란 화가가 그려내며 완성된 작품이다. 건설사업관리자는 남의 꿈을 그려내는 전문가다.

03
—
현장품질관리에서 품질경영으로

그 일이 발생한 때는 9월, 산속의 계절은 이미 가을로 성큼 접어든 시기였다. 슬로프에 인접한 곳에 아홉 개의 고급 콘도미니엄 건물로 이루어진 강원도의 한 리조트는 이듬해 개장을 목표로 숨 가쁜 일정을 달려가고 있었고, 이제 주요 건물의 콘크리트 골조 공사가 막바지에 접어들어 건물 모양이 제법 갖춰진 상태였다. 하지만 봄부터 이상 증세를 보이던 단지 일대가 갑자기 곳곳이 무너지기 시작했다. 그동안 계속해서 바닥이 꺼지는 곳에 콘크리트를 뚫고 시멘트를 주입(注入)하며 보강하고 있었지만, 더위도 지나간 시점에서 건물 콘크리트 바닥이 한 번에 갈라지며 공사는 중단되고 말았다.

나에게 그 자료가 넘어온 것은 주말을 앞둔 오후였다. 사고 원인조사와 보험 보상에 대한 검토는 2년이 넘도록 진행되고 있었는데, 복구와 공사는 이미 끝났다고 하였지만, 원인조차도 여전히 명확하게 밝히지 못하고 있었다. CM단과 시공사는 국내 최고 기업들이었다. 그들은 분명히 그 원인을 알고 있었는지도 모르겠지만, 그것이 기록으로 남아 있는 것은 아무 것도 없었다. 받은 자료 중에는 벽면 서가 절반을 채운 수십 권 분량의 시험 기록들이 있었는데, 시험 값들은 모두 '정상'이라고 말하고 있었다. 사고가 났는데 무엇이 정상이란 말인가? 그래서 나는 그 값들이 '너무나 완벽하다'는 점에 주목하게 되었다. 그 지역은 계곡의 낮은 곳을 수 미터씩 쌓은 지역이었다. 흙을 수 미터씩 쌓을 때는 30~50센티미터 정도로 한 층씩 흙을 펼치고 물을 뿌려 롤러로 다지는 작업을 반복한 뒤 매번 제대로 다져졌는지 시험을 한다. 기록들은 그 작업이 모두 겨우내 이루어졌다는 것을 말해주고 있었다. 아마도 일정에 쫓겼을 것이다. 그러나 겨울에 물을 뿌리며 땅을 다지는 작업이 가능할까? 강원도의 겨울은 그 추위를 짐작할 수 있다. 물을 뿌릴 수 있었을까? 시험할 때쯤엔 이미 얼어버렸을 것이다. 혹시나 물을 끓여 더운물을 뿌렸을지도 모른다. 그런데 더운물은 더 빨리 얼어붙는다[54]. 그런 과정을 이해한다면, 얼음 위에 다진 그 결과를 믿을 수 있을까? 현장에서는 이미 봄이 되면서부터 다양한 지반 보강 공사를 진행하던 상태였다. 결론은 명확했다. 시공사에서 제출한 시험 결과는 무의미했고, 골조 공사가 계속 진행되며 지반이 견뎌야 하는 무게는 더해졌다. 땅이 무

54) 이것을 "음펜바 효과 (Mpemba Effect)"라고 한다. 1963년에 탄자니아의 음펜바라는 중학생이 실험 중에 뜨거운 물이 차가운 것보다 먼저 언다는 것을 발견하였다. 처음 그가 이 현상을 발견하고 선생님에게 질문했을 때 선생님은 그가 착각한 것이라고 일축했다. 그러나 그는 몇 차례나 반복하며 확인하였고, 고등학생이 되어 인근 대학의 물리학자가 방문했을 때 그를 통해 확인하고 학계에 발표하였다. 그 원리는 2013년이 되어서야 밝혀졌다. 우리의 고정관념을 바꾼 또 하나의 획기적 발견이다.

너지지 않는 것이 오히려 이상하지 않는가? 주말이 지나고 나는 상황을 정리하여 홍콩의 지사장에게 보고했다. 그는 홍콩의 다른 엔지니어링 회사에 내 조사 결과를 확인한 뒤 매우 만족스럽다는 답신을 보내왔다. 보고서는 곧바로 보험사에 넘겨졌고 사고원인 조사는 완료되었다.

모든 현장은 품질관리가 이루어지면 원가는 투명해지고 공사 속도는 안정화가 된다. 그리고 품질관리의 목표는 "최상"이 아니라 "최선"이다. 우리가 원하는 정도 이상이 되면 지나친 것도 결코 좋은 것이 아니다. 품질을 너무 높이 추진하면 원가에는 부담이 되고 공사 속도에서도 지연이 발생한다. 품질이 떨어지면 발주자가 사용하는 단계에서도 문제지만 재작업이나 공사 중단이 발생하여 공정관리에서도 불리하다.

품질보증, 품질경영과 하도급 통보

건설에는 다양한 품질관리를 위한 제도를 마련되어 있다. 그중에서 일정 규모 이상의 공사 규모가 있는 현장에 요구되는 "품질관리계획서"가 가장 기본이다[55]. 그런데 품질관리계획서는 왜 요구하는가? 현장의 품질시험으로 관리를 제대로 하는 것이 품질관리가 아닌가?

우리가 TV를 살 땐 품질보증서를 받는다. 스마트폰을 사면 새로운 기능에 더 관심이 있겠지만 거기에도 품질보증서는 있다. 하지만 우리는 그들의 제작과정에서 어떤 품질관리를 거쳤는지는 관심이 없다. 건설 현장에서도 품질관리(QC, Quality Control)를 위해 시험을 하지만, 발주자가 그것에 직접 관심을 가져야 할 이유는 적어 보인다. 그러나 공사가 끝나면 반드시 하자보증서를 받는다. 칼자루를 쥐었다고 반드시 칼을 사용해야 하는 것은 아니듯이, 그 목적은 이 하자보증서를 사용하기 위함이 아니라 문제가 생기면 언제든지 시공사가 와서 해결해 주기를 바라는 마음에서 챙기는 것이다.

그래서, 품질보증(QA, Quality Assurance)만으로 충분할까? 제품을 선택하기 전에는 제조회사를 보거나 브랜드를 보게 된다. 그런데 왜 그것을 참조하게 되는가? 내가 스스로 마케팅 전략의 시험대상이 되는 것을 허용해서일까? 아니다. 일이 터진 뒤에 조치하는 것보다 일이 발생하지 않도록 하는 것이 현명하기 때문이다. 그래서 나온 것이 "품질경영(QA, Quality Administration)"이다. 우리의 회사가 시공하는 것은 믿을 수 있도록 하겠다는 경영 목표가 있는 회사와 그렇지 않은 회사의 현장 관리는 분명히 차이가 있다. 브랜드를 내걸거나 회사 이미지 홍보는 다양할 수 있으나, 이를 단순한 이미지 홍보가 아니라 품질에 중심을 두고 있어야 한다는 것이 품질관리계획서 작성 지침에서 요구하는 내용이다. "건설공사 품질관리 업무 지침"에서는 26개 항목으로 상세히 작성하는 방법을 일러주고 있는데, 계획서의 궁극적

55) 보통 공사금액으로 분류하는데, 건설기술 진흥법 시행령에서는 품질관리계획서 작성 대상을 500억 원 이상의 공사를 기준으로 하고 있다. 공사 규모를 물리적 기준이 아닌 금액으로 분류하는 이유는 이 역시 비용을 감안한 탓이다. 이것은 품질관리의 시각에서 현장을 운영하기 위해 작성되는 바이블이다. 건설기술진흥법 시행령 제89조에서는 총공사비 500억 원 이상이거나 연면적 3만 제곱미터 이상의 건축공사 등을 대상으로 하고 있으나, 이보다 규모가 작은 현장에서는 '어떤 시험을 어떻게 할 것인지' 정도만 얘기하는 품질시험계획서로 대체하고 있어, 기존의 경험만으로 관리된다.

목적은 건설단계에만 초점을 맞추는 것이 아니라 건설 이후 단계는 물론이거니와 건설 이전에 고객뿐만 아니라 직원들에게 품질과 품질관리에 관한 확신을 주어야 한다고 얘기하고 있다.

품질관리의 범위

56) 이 역시 건설산업기본법에서 규정하고 있는 제도다. 시행령 제32조에서는 내용에 대해서 구체적으로 언급하고 시행규칙에서는 작성 양식을 제공하고 있으며 제34조에서는 적정성 심사에 관하여 얘기한다.

품질관리를 하는 다른 한 방편으로 "하도급통보"가 있다[56]. 도급사가 하도급을 하는 업체와의 계약금액을 발주자에게 통보하는 것이다. 사실 이 제도는 다른 어느 것보다 품질관리의 속성을 가장 잘 보여준다. 품질관리라는 개념이 없던 시절에는 철근 같은 재료를 적게 넣거나 이른바 날림 공사로 이익을 챙겼다. 레미콘이 굳을 때까지 보호하고 기다려야 하지만 저가 입찰일 경우에는 그럴 시간이 없다. 시간은 돈이다. 하도급의 과도한 저가 입찰은 도급사가 챙기는 이익에 대한 시기심보다 실제로 공사하는 하도급사의 입장에 대한 걱정을 불러일으킨다. 그래서 여러 차례의 재하도급과 저가 하도급은 품질 저하의 중요한 원인으로 지목된다. 이런 이유로 실제로 누가 공사를 하고 있는지 분명히 알고 그가 적정한 대가를 받고 있는지 확인하기 위해 생긴 제도가 하도급 통보다.

법에서는 '과도한 저가'의 기준을 도급금액의 82퍼센트 이하인 하도급 계약금액으로 설정하였다. 시행 초기에는 도급금액과 하도급금액의 비교에서, 20~40퍼센트를 차지하는 간접공사비(간접 노무비, 직접공사비의 경비를 제외한 비용) 부분의 비교 때문에 상당한 오류를 발생하였다. 직접공사비 부분의 비율보다 이 부분에서 훨씬 금액 차이가 커진 것이다. 그래서 현재는 보다 명확하게 기준이 책정되어 있다. 이보다 낮을 때는 하도급 심사를 하도록 되어 있는데, 이때는 정부 고시에서 정해 놓은 '하도급 심사 자기평가표'를 통해 도급사가 먼저 스스로 평가하도록 하였다. 그러나 평가 기준마저도 발주자와 시공사가 협의하여 항목과 평가점수를 조정할 수 있다. 따라서 하도급 금액의 적정성보다 다른 부분을 강조하여, 과도한 저가의 기준을 발주자가 조정할 수 있는 길을 열어준 것이다. 이것은 단순히 금액으로만 통제하겠다는 것이 아니라 그 공사와 계약의 내용과 성격에 따라 발주자가 판단할 수 있게 하려는 의도다.

처음 시행할 때에는 발주자의 승인을 요구했으나, 이후 승인에서 통보로 간편화시키고 발주자가 아닌 감리에게만 통보하더라도 시공사의 통보 의무를 완료한 것으로 완화했을 뿐만 아니라 '키스콘(KISCON)'이라는 온라인 사이트의 개설로 '이용자인 시공사가 편리하도록(User friendly interface)' 지원하였다. 이용자가 편리하다는 것은 불만을 품지 않게 달래는 것이고, 한편으로는 엄격하게 통보 의무를 지키도록 하기 위함이다. 키스콘에는 모든 기록이 자동으로 저장되고 하도급대금지급보증서, 하도급자의 이행보증서 발급 이력과 전자계약의 내용으로 검증할 수가 있다. 그래서 문서로 감리에게 통보하는 것보다 실질적으로는 이 사이트에 기록되어야 확실한 근거로 남는다. 이 시스템 덕분에 도급사와 하도급업사 간의 투명성은 높아졌고, 발주자의 도급사 원가관리는 원활해졌다. 그 결과가 품질관리에 도움을 준다는 것은 당연하다.

품질관리는 선언보다 실천이다

시공사의 비용에 현장품질관리비는 반영되어 있지만 하자 처리비가 포함된 것은 아니다. 혹시 '일반관리비'와 '이윤'에 포함되어 있다고 해야 할 테지만, 그것이 하자 처리를 전제로 한다면 더욱 문제다. 그러나 시공사가 이를 망각하거나 하자보증을 하지 않을 땐 이조차 무의미해진다.

동탄 신도시의 몇몇 아파트 단지는 건설사와 하자 논란으로 신문 지면에 계속 오르내린다. 나는 그 건설사를 오랫동안 보아왔고 전국에서 그 건설사가 지은 건물에서 생활하는 사람들의 이야기를 들어왔다. 앞서 균열이 발생한 학교 건물은 이들이 기부한 것이었다. 신문기사는 이들의 주택 임대료는 들쭉날쭉하고(물론 처음엔 저렴하다가 해마다 폭등하는 쪽이다) 아파트 바닥에는 다수의 구멍과 흠집과 같은 문제들이 곳곳에 나타나 있다고 말한다. 이를 문제 삼으면 하자인지 아닌지 임차인이 증빙해야 하고, 법원에 탄원서를 제출하면 그 회사의 직원들은 어떻게 손에 넣었는지 탄원인의 신상정보를 만지작거리고 있다. 희한하게도 입주민 대표는 그 회사에 감사패를 수여하고 완공에 감사한다는 현수막을 내걸기까지 한다. 하지만 나는 그 회사가 아무리 좋은 조건과 오랜 하자보증을 하더라도 결코 그들이 지은 아파트에서는 살지 않을 것이다. 그리고 아무리 유명한 상을 받고 언론에서 칭찬하더라도 결코 그 말을 믿지 않을 것이다.

품질관리계획서 내용이 종이에 적힌 듣기 좋은 선언만이어서는 곤란하다. 하나의 사업이 시작하게 되면 건설사업관리자는 이것이 정말 실천되고 있는지 확인해야 한다. 시공사는 많은 시간과 노력을 들여 작성한 서류를 서가에 모셔 두고만 있지 않은가? 그러면 그것을 작성한 이유는 무엇인가? 지금, 시험실에서 하고 있는 시험만으로 품질관리는 충분한가? 그 결과는 그대로 믿어야 하는가? 그것조차 서가에 모셔 두기 위해 작성한다면 우리는 시간과 자원을 낭비하고 있다. 공사를 착수하기 위해서는 실제로 오랜 시간에 걸쳐 많은 사전 검토와 준비가 필요하다. 그러나 검토 중에 자금 문제나 그 밖의 다양한 이유로 인해 수많은 사업이 무산된다. 그렇기에 우리는 거리에서 접할 수 있는 공사장의 수보다 몇 배가 많은 사업이 검토과정에서 사라져 갔다는 사실을 생각해야 한다. 당신이 건설 현장에 있다면, 그렇게 해서 탄생한 건설사업인 만큼 이 공사가 얼마나 소중한 사업인가를 인지하여야 한다. 그런 발주자에게 품질에 대한 확신을 주고 실제로 그것을 실현하는 것이야말로 엔지니어 본연의 모습이 아닐까?

04

안전과 품질관리의 정석

        친구가 물에 빠졌을 때 어떻게 구해야 하나? 여기에는 정답이 있다. 반드시 내가 안전해지고 나서 그를 구해야 한다는 것이다. 항공기에서도 비상 상황이 되어 좌석 위에서 산소마스크가 내려오면 반드시 먼저 내가 착용하고 나서 옆의 사람을 도우라고 한다.

    "안전제일(Safety First)"이란 구호는 1900년대 초 미국 US 철강회사(U.S. Steel Co.)의 경험에서 출발했다. 1901년, 변호사 출신의 개리(E.H.Gary) 사장이 새로 부임하였을 때 회사의 경영방침은 "No.1 생산, No.2 품질, No.3 안전"이었다. 그런데 그는 현장에는 많은 재해와 부상자들이 발생한다는 것을 알았다. 1906년, 그는 안전과 생산의 순서를 바꾸었다. 안전이 첫 번째, 품질이 두 번째, 그리고 생산이 마지막이 된 것이다. 그러자 생산성이 저하될 것이라는 당초의 우려와는 달리 품질과 생산성에서 놀랄만한 성과가 나오기 시작했다. 이후에도 근로자들은 애사심이 높아지면서 장기 근속자가 늘었고 숙련공들이 늘어나자 생산성과 제품의 품질은 더욱 높아졌다.

이렇게 작은 변화를 통해 원하던 방향으로 성과를 이끌어 내는 것을 "넛지(Nudge) 효과"라고 한다. 2017년 노벨 경제학상을 수상한 탈러(Richard H. Thaler)는 공동저자 선스타인(Cass R. Sunstein)과 2008년에 출판한 『넛지(Nudge)』에서 편식하는 아이들의 습관을 바꾸는 방법을 예를 들며 넛지 효과를 소개했다. 안전제일이 경영성과로 이어질 수 있었던 것은 생산성이나 돈을 직접 추구한 것이 아니라 작업자들의 작업환경을 개선한 것이다. 전자는 경영자의 시각에서 현장을 본 것이고, 후자는 작업자의 시각에서 본 차이다.

안전과 품질관리는 전적으로 공정과 원가에 깊은 영향을 끼친다. 인간은 자기 자신이 안전해야 자기가 맡은 일에 집중이 되고 원활한 진도가 나간다. 일본에서 "경영의 신57)"으로 불리는 한 경영인은 그가 인수한 기업마다 적자를 털고 빠른 기간 내에 경영 정상화의 길로 만들어 세상을 놀라게 하였다. 그가 기업을 인수한 것은 그가 원해서가 아니라 정부가 그에게 떠맡기거나 경영이 어려워진 기업을 그에게 인수토록 요청한 이유였다. 기업을 인수하고 나서 그가 한 일은 인원을 감축하거나 새로운 사업을 벌인 것이 아니었다.

57) 일본에는 "경영의 신(神)"으로 존경받는 세 명의 CEO가 있다. 마쓰시타 전기의 마쓰시타 고노스케, 교세라의 이나모리 가즈오, 혼다 자동차의 혼다 소이치인데, 그들 방식의 특징은 숫자 경영이나 인재 경영이 아닌 기본에 충실한 "정도(正道) 경영"이다. 과거 성장시대에만 가능했을까? 이나모리 가즈오는 2010년 부도가 난 일본항공(JAL)을 2년 만에 완벽하게 부활시키며 그의 철학은 여전히 유용하다는 것을 보여주었다. 그의 부인은 우장춘 박사의 딸이다.

그는 아침 일찍 인수한 기업의 공장에 나가서 직접 청소를 하고 매일 일과가 마치면 정리정돈을 하도록 하며 오직 기본에만 충실하도록 하였다. 작업자들은 주위가 깨끗해지니 일터가 안전해졌다. 일터가 안전하니 작업에 집중할 수 있었고 그것이 성과로 이어져 회사가 살아나는 원동력이 되었다. 그는 50여 개의 기업을 그렇게 살려냈다.

우리는 여기에서 "깨진 유리창 이론(Broken Window Theory)"을 떠올리게 된다. 이것은 어느 심리학자의 실험에서 출발했다. 그는 한 대의 차를 뉴욕의 할렘 지역에, 다른 한 대를 범죄가 없는 스탠퍼드 대학 인근에 보닛을 살짝 열어 두었다. 할렘 지역의 차는 십 분 만에 보닛이 활짝 열리고 배터리 등 주요 부속품들이 모두 도둑맞았다. 대학가의 차량은 며칠 동안 아무 일도 일어나지 않다가, 실험자가 차 유리창 하나를 깨어 놓자 지나가던 사람들이 함께 차를 부수기 시작했다는 내용이다. 1980년대의 뉴욕 지하철은 범죄의 온상이었다. 범죄 심리학자 켈링 교수는 이 이론에서 착안하여 지하철 내의 낙서(그래피티)를 지우고자 제안하였다. 그에 따라 철저하게 낙서를 지우자 놀랄 만큼 범죄가 줄어들었으며, 이제는 뉴욕의 지하철을 여행자들도 안전하게 타고 다닐 수 있다. 작지만 중요한 것이 무엇인지 생각해야 한다.

현장의 관리계획서를 내버려 두지 마라

시공자는 현장을 착수할 때 품질관리 계획서, 안전관리 계획서 그리고 환경관리 계획서를 작성하여 제출한다. 그러나 이것은 제출되고 나서 덮어 버리는 것이 아니다. 현장이 진행되는 동안 계속해서 그것을 기준으로 삼아 현장 상황을 반영하고 보완해가야 한다. 그리고 현장이 끝날 때면 현장에서 진행한 과정들이 모두 그곳에 담겨 있어야 한다. 이를 위한 실천방식으로 ISO에서는 관리의 효율성을 위해 모든 내용들을 리스트로 만드는 것을 권하고 있다. 현장소장은 그것을 관리해야 한다. 현장소장은 홀로 현장의 문제점에 맞서고 있는 것이 아니라 계획을 담은 바이블을 가지고 참고해서 진행하는 것이다.

그가 본사 보고에 급급한 것은 현장보다 본사의 눈치만 보는 양상이 된다. 현실적으로 나의 인사평가와 지시를 하는 것은 본사의 임원과 사장이다. 그러나 그들이 발주자 없이 존재할 수 있는가? 현장의 직원들에게 급여를 주는 사람은 본사에 있는 임원이나 사장이 아니라, 그가 몸담은 회사에 비용을 지급하는 발주자와 그가 하는 일을 원활하게 진행하게 해주는 이해관계자들이다. 그가 담당하는 사업이 실패한다면 본사의 누구도 그의 노력에 박수를 보내는 사람은 없을 것이다. "품질경영"을 요구하는 것은 선언에 그쳐도 좋다가 아니라 고객에 대한 대표자의 약속이다. 발주자는 현재 현장 직원들과 얘기하고 있지만 실은 본사의 대표에게 얘기하고 있는 것이다. 그런데 그와 얘기하고 있는 사람이 뒤에 있는 사람의 눈치를 보며 얘기하고 있다면 그는 누구와 얘기하는 것이 옳은가?

'이소 혹은 아이소'라고 부르는 ISO(International Organization for Standardization)는 1947년 산업 표준을 만드는 것을 목표로 스위스 민법에 의해 설립된 민간 기구다. 현재 160여 개국이 참여하고 있고 우리나라는 기술표준원이 회원으로 가입되어 있다. 품질에서는 과거에 9000시리즈를 통해 다양한 형태로 발표했으나 현재는 ISO 9001로 통일하였다. 그리고 환경은 ISO 14001, 안전은 오사스(OHSAS) 18001을 사용하고 있는데, 이들의 구성이나 흐름은 모두 에드워즈 데밍(Edwards Deming)의 "P-D-C-A관리" 이론을 따른다[58]. 그는 일본이 미국을 추월할 수 있도록 공정과 품질관리의 기틀을 만든 장본인이다. 이

58) 각각 Plan(계획), Do(실행), Check(검토), Act(개선)을 의미한다.

것은 계획하고 실행하는 과정에서 계획대로 하느냐가 아니라 계획과 차이가 얼마나, 왜 발생하는가를 "측정"하는 것이다. 왜 계획대로 하지 않는가로 얘기하는 것은 계획이 맞는가 틀리는가에 초점이 맞춘 흑백논리로 접근하는 것이다. 민주주의가 너와 나는 다르다를 인정하는 것에서 출발하는 것처럼 이 이론에서 강조하는 것은 계획에서 추가된 일은 무엇이고 불필요한 일은 무엇인가, 그리고 이것이 계획과 얼마나 차이를 발생시키는가를 확인하여 원인을 분석하는 것이다. 정확한 원인이 분석되면 대책을 세우고 개선이 가능해진다. 일반적으로 품질과 원가는 비례하는 경향이 있다. 품질을 올리기 위해서는 비용이 그만큼 더 드는 것이다. 그러나

그는 어느 상태가 지나가면 품질 향상이 오히려 전체적인 실질비용을 낮춘다는 것을 발견했다. 그는 "소비자를 만족하게 하는 일이 가장 중요하며 모든 직원이 스스로 품질을 책임지는 체제를 구축해야 한다"고 주장했다.

시방서는 모든 건설지식의 집합소다

현장 품질관리의 시작은 시방서다. 시방서는 모든 이론과, 수많은 현장 실험과 실패의 경험을 토대로 만들어진 지식 창고다. 여기에는 안전과 환경에 관한 고려도 포함되어 있음은 물론이다. 미국은 1800년대 말부터 시작된 대륙횡단철도(Transcontinental Railway)와 1950년대의 인터스테이스 하이웨이(Interstate Highway)의 건설과 같은 대형 사업을 통해 수많은 종류의 흙의 성질을 경험하며 많은 자료를 축적했고, 1930년대에 경제 대공황 극복을 위해 건설된 후버 댐은 콘크리트에 관한 연구에 박차를 가하게 하였다[59]. 지진을 많이 겪는 일본은 내진과 콘크리트 분야가 발달하였으며 터널 안에서 화재를 많이 겪은 스위스를 비롯한 유럽 국가들은 내화 분야를 발전시켰다. 시방서에는 이러한 모든 경험이 축적되어 있다. 그러므로 시방서와 계획서만으로도 우리의 현장은 튼튼해지고 안전해질 수 있다.

59) 이것은 세계 최초의 대형 콘크리트 댐이다. 콘크리트는 '경화(硬化)'라는 굳어지는 과정을 거치며 많은 열을 발생하는데, 일설에 의하면 콘크리트 덩어리로 채워진 이 댐의 내부는 열을 식히기 위해 수많은 파이프라인을 설치하였지만 80년이 지난 지금도 내부 깊숙한 곳은 완전히 굳지 않았다고 한다.

아울러 품질관리의 마무리는 공사가 끝날 무렵 작성되는 "공사지"다. 작성자는 공사관계자인 본인들이다. 한국에서는 실패담에 관해서는 부담으로 작용한다. 그래서 작성된 공사지조차도 대외비로 취급되어 몇몇 제한된 사람 이외의 관계자들에게는 공개되지 않는다. 사실, 같은 이유로 본사의 임원들에게조차도 상세히 보고되지 않는다. 그렇게 실패 사례는 개인의 경험으로만 남는다. 하지만 해외 선진국들의 시공사나 엔지니어링 회사들은 공사지를 공유하며 그들의 선전을 다짐한다. 그들의 공사지는, 내용이 충실할 뿐만 아니라 한 편의 수필처럼 꾸며, 쉽고 재미있게 그들의 이야기를 상세히 설명한다. 엔지니어가 쓰지만, 글은 솔직하되 객관적이고, 도표와 그래프로 자료만 전해주는 것이 아니라 그것에 담긴 의미 정보를 전달해준다. 그러한 것은 공사를 끝낼 때 서둘러 작성한 것이 아니다. 우리에게도 이것이 필요하다.

넛지 이론과 깨진 유리창 이론은 관리 포인트를 새롭게 규명하는 현명함을 우리에게 일깨워 주었다. 현대 경영학의 창시자인 피터 드러커는 "측정되지 않는 것은 관리되지 않는다"란 말로 측정과 관리의 상관관계를 설명했다. 이들의 핵심은 계획하고 "관리"하는 것이다. 그리고 이것은 새롭게 만든 것이 아니라 CM처럼 그들의 문화 속에서 순리에 따라 해오던 것을 체계화한 것이다. 우리의 건설이 아직까지 CM방식에 익숙지 않은 것은 다른 사고방식과 문화로 살아온 이유이며, 이것을 이상적인 것으로 생각하게 만든 원인이다. 그러나 우리가 우리 체제와 다른 자유민주주의와 시장경제 체제를 해외에서 가져온 것처럼 그것을 우리의 생활방식으로 정착시켜야 할 이유가 있다. 우리가 경계해야 할 것도 있다. 개인의 능력은 눈에 보이지 않고 쉽게 측정되지 않는다는 이유로 오랫동안 능력보다 지위와 혈통에 얽매여 왔다. 이 기준 아래 묻혀버린 수많은 인재들은 빛을 발하지 못하고 사라져갔다. 눈에 보이지 않지만 중요한 것을 어떻게 측정하고 관리할 것인지는 계속 고민해야 하지만, 이처럼 잘못된 측정방식은 언제나 인류의 발전을 퇴보로 이끌어 왔다. "인류는 항상 발전만 하는 것이 아니라 진보와 퇴보를 반복하며 패러다임에 의해 발전한다"라는 토마스 쿤(Thomas S. Kuhn)의 말은 우리가 지금 과연 앞으로 나아가고 있는가에 대한 물음을 다시 생각하게 한다[60]. 당신은 앞으로 나아가고 있는가?

60) 물리학자였으나 철학으로 사고의 지평을 넓힌 그는 『과학혁명의 구조』에서 "패러다임(Paradigm)"이라는 용어를 처음으로 사용하며 '과학철학'이라는 영역을 세웠다. 우리나라의 장하석 교수는 '제2의 토마스 쿤'이란 별명을 얻으며 과학철학의 영역을 넓히고 있다.

05

공급자 조사와 공장검수

건설의 재료나 설비는 모두 외부에서 가져와야 하는데, 예로부터 고급 인테리어 제품이나 외장재는 해외 물품이 많았다. 기능적으로도 초고층 빌딩의 경우 꼭대기에 바람의 영향이나 진동을 제어하기 위한 장치나 대형 발전소의 보일러와 발전기는 그 성능이 검증된 제품이 세계에서도 몇몇 업체에 불과하다. 항만에서 볼 수 있는 대형 크레인은 이제 한국에서 생산하지 않는다. 거가대교의 해저 침매터널의 핵심인 터널 이음부 제품을 요구 수준으로 생산할 수 있는 곳은 세계에서 두 곳뿐이다. 화공플랜트나 공장시설에서도 외부 제작이 많다. 이렇게 외부에서 주요 부분품이나 설비를 가져온다면 사전에 검사가 필요하다. 공사 일정과 품질에 가장 큰 영향을 끼치기 때문이다. 이것은 두 가지 형태가 있는데, 하나는 "공급자 조사"와 다른 하나는 "공장 현지 검수"다.

공장 검사의 첫 단계는 적합한 공급자를 찾는 일(Vendor Survey)이다. 공급자의 생산품이 우리가 원하는 제품을 공급할 수 있는가를 확인하는 단계로, 우선은 공급자 리스트를 작성하고 각 공급사와 접촉하여 그들의 제작 여건과 받을 수 있는 시기와 같이 기본적인 사항을 점검한다. 이 단계에서 공장을 방문하는 가장 중요한 목적은 사업의 주요 재료나 설비를 점검하고 '계약조건을 완성하는 것'이다. 제작자들의 작업은 현장 밖에서 이루어지는 만큼 현장 관리의 영향력 밖에 있다. 그러나 제품은 원하는 시기에 들어와야 한다. 발전기가 들어왔는데 아직 발전기를 올릴 기초가 완성되지 않았거나 다른 공사는 끝났는데 발전기가 들어오지 않았다면 공정관리에 문제가 생긴 것이다.

이 과정이 국내라면 공장 방문이나 제작자와의 협의에 대한 번거로움이 덜 하지만, 해외일 경우에는 건설보다는 해외 무역에 가깝다. 건설에만 익숙한 사람들에게는 다소 낯설 수 있지만, 이것 역시 건설사업의 한 부분이므로 건설과 직접적인 중요한 부분은 상식으로 갖추어야 한다. 따라서 해외 제작일 경우, 먼저 해상운송에 대한 이해가 필요하다.

컨테이너는 40피트로도 운송되지만, 컨테이너에 넣을 수 없는 크기의 물건은 비규격(Bulk)으로 분류된다. 원료나 곡물 운반처럼 특수목적 선박으로 운반되는 화물을 제외한 일반 벌크 화물 운송은 대부분 정기적이지 않으므로 운송 기간에 영향을 준다[61]. 최근 한국에서 폴란드까지 기차를 통한 내륙 이동이

61) 만일 화공플랜트 설비나 대형 크레인 같은 큰 제품의 경우에는 선박 크기도 고려된다. 파나마 운하를 통과하는 선박의 최대 크기를 파나막스(Panamax), 수에즈 운하는 수에즈막스(Suez max)라고 부른다. 이

가능해지면서 새로운 운행로가 열렸다.

운송 조건은 사실상 계약의 핵심이다. 이 조건들은 해상 무역에서 사용되는 조약인 인터콤스(Intercoms)에서 분류하고 규정하고 있다. 먼저 '엑스웍(Ex-works, 공장출하)'이란 조건은 공장에서 나온 물건을 내가 가서 가져오는 것이다. 다음에서 인터콤스의 운반조건을 비교한다.

보다 더 크면 칠레의 남단, 마젤란 해협으로 돌거나 남아프리카 공화국의 희망봉을 돌아서 와야 한다. 한국에서 미국으로 갈 때는 북태평양 해류를 타고 캐나다에서 시애틀—샌프란시스코—롱비치(Long Beach)의 순서로 내려오고, 올 때는 적도 부근으로 온다. 해류의 움직임은 http://study.zum.com/book/11678를 참조한다.

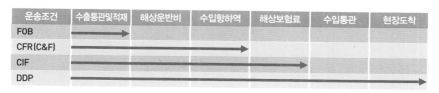

해상 운반 조건 비교 (제작공급자 부담 부분)

FOB – 현지 공장에서 생산하여 수출항까지 운반하면, 내가 현장으로 운반할 수 있을 때(Free on Board)

CFR(C&F) – 현지에서 보내만 주면 해상보험에 가입하고 국내에서 운반할 수 있을 때(Cost and Freight)

CIF – 현지에서 해상보험에 가입하여 보내주면 국내에서 운반해 올 수 있을 때 (Cost, Insurance and Freight)

DDP – 현지 공급자가 모든 것을 책임지고 현장까지 가져다주는 것이 필요할 때 (Delivered Duty Paid)

이외에도 FAS, CPT, CIP, DAT, DAP 와 같이 다양한 조건이 있으나, 건설에서는 잘 사용되지 않는다.

발주의 기본 원칙은 잘하는 사람에게 잘하는 부분의 일을 맡기는 것이다. 그래야 확실하고 저렴해진다. DDP는 "현장도착도"기준인데, 이것이 일반적인 건설자재 구매와 가장 유사하다. 하지만 외국기업에 국내 현장까지 운반하게 하는 것은 그에게 잘 모르는 부분을 맡기는 것이다. 내가 편해지는 만큼 서비스 비용은 더 지급된다. 따라서 내가 무역에 대해 조금 이해하고 있다면 국내에서 관세사와 물류 업체를 고용하여 처리하는 것이 비용을 절감할 수 있다. 해상 보험료는 선택이 아닌 필수 사항인데, 역시 국내 보험사와 상의할 수 있다. 건설사업 관계자 중에 무역이나 해외 현지 사정에 더 밝고 계속 진행 과정을 관리할 여력이 있다면 전체적으로 유리한 조건을 선정해야 한다.

두 번째 단계는 공장 검수(FAT, Factory Acceptance Test)다. 이것은 제작된 물건이 내가 주문한 기준에 맞게 제작되었는지 공장에서 확인하는 것이다. 단순한 자재 공급의 경우에는 생략되나, 일단 현장에 도착하면 재작업이나 보수가 곤란한 경우에 반드시 해야 할 과정이다. 이것은 일반적인 검측 과정을 거치게 되고, 때로는 공장에서 조립된 상태로 작동을 확인하고 해상운반을 위해 다시 분해하기도 한다. 그래서 이를 정상적으로 작동하는가를 확인한 뒤에 공장에서 출하하게 되므로 공장 방문 시기 결정도 중요하다.

초코파이 하나로 하루의 식사를 할 수 있는 아프리카 아이들에게 선뜻 초코파이를 보내지 못하는 이유는, 초코파이가 비싸기 때문이 아니라 그 것을 운반하는 비용과 관리가 문제이기 때문이다. 건설 원가를 조금 더 들여다본다면 토목공사의 비용은 땅을 파는 것보다 그 흙을 외부로 운반 하는 비용이 훨씬 크다는 것을 알게 될 것이다. 그리고 현장에 들어온 제 품에서 하자가 있는 경우에는 개선이 어렵다. 특히 해외에서 제작되는 주 요 설비는 국내에서 수선과 관리가 어려울 뿐만 아니라, 특허나 전매 제 품이어서 그만큼 문제에 대한 대책이 느리고 때로는 문제 발견조차 쉽지 않다는 것이 맹점을 가진다. 그래서 해당 전문가와 건설사업관리자의 공 장 검사는 건설사업 성공을 위해 반드시 필요하다.

06
—
클레임, 관리가 필요하다

건설사업에서 클레임(Claim)은 일반적으로 시공사와 발주자 사이에 분쟁이 발생하는 사안을 의미한다. 그러나 넓은 의미로 클레임은 두 당사자뿐만 아니라 현장에서 보험 사고 발생 시 보험사에 대한 보험 클레임도 있고 민원인이 제기하는 민원 클레임(Civil Claim)도 있으며, 사용자가 건물의 하자에 대하여 제기하는 하자 클레임도 있다. 클레임(Claim)의 사전적 의미는 상대에게 '청구'하는 행위이기 때문이다.

발주자와 시공사 간의 클레임이 분쟁이나 소송으로 연결되는 경우는 대부분 대금을 지급받지 못하거나 공사 기간 연장에 따른 시공사의 간접비에 관한 내용이다. 이는 과거와 달리 수익 창출이 어려워진 시공사들이 그동안 감추어왔던 발주자에 대한 불만을 터뜨리는 행동으로 해석되고 있다. 그러나 한편으로는 그만큼 사회가 투명해지고 있다는 증거이기도 하다. 분쟁이나 소송이 진행되는 과정에서 그의 행동으로 인한 상대의 피해가 노골적으로 드러나고, 그 내용이 공개되면서 그동안 모르거나 모른 척 해왔던 일들이 공개되기 때문이다.

　법이 적용되는 원리인 '법체계(法體系)'는 대륙법(Civil Law)과 영미법(Common Law or Case Law)으로 크게 나누어지는데, 전자는 유럽의 프랑스와 독일을 중심으로 발달하였고 후자는 영국을 중심으로 발달하였다. 한국은 독일에서 법을 배워온 일본의 영향으로 대륙법 체계를 따르고 있다. 이것은 '상위법 우선의 원칙'이 적용되는 것이 특징으로, 두 당사자 간의 계약 내용과 관계없이 법을 위반하는 내용 그 계약 자체가 무효로 한다. 그래서 계약서에는 하자보증 기간이 일률적으로 일정 기간과 한도로 작성되어 있더라도 계약서에 그렇게 정한 특별한 사유가 기재되어 있지 않으면 공사종류별로 1년에서 10년으로 적용된다[62].

　한편, 해외에서 계약한 서류의 준거법(Governing law)이 영미법을 적용하게 되어있다면 계약 내용이 더 우선되고 판례가 중요해진다. 해외에서 영미법을 적용하는 사례가 많은 이유는 이처럼 계약 내용 자체에 집중하기 위해서이기도 하고 공정성에서 더 높이 평가되기 때문이다. 그러나 한편으

[62] 이것은 건설산업기본법 시행령이 제정되던 1997년 이후로 거의 변함이 없다. 그러나 오랫동안 하자보증 기간과 적용률을 '3년간 공사비의 3%'와 같이 전체 공사에 일률적으로 적용하여 왔다. 콘크리트 구조와 방수를 기준으로 생각한 것이다. 그리고 법규에는 적용률에 대해 명확하게 되어 있지 않은데, 일반적으로 기간과 같은 비율을 적용한다고 얘기하고 있다. 이 부분은 명시화가 필요하다.

63) ODA는 두 나라 사이의 양자(Bi-lateral)간과 여러 기관에서 지원하는 다자간(Multi-lateral) 사업이 있다. MDB(Multi-lateral Development Bank)는 세계은행그룹(IMF, IFC, IBRD, IDA, MIGA)과 지역개발금융기관(ADB, AfDB, EBRD, IDB, EIB, CABEI, CDB, IsDB)을 통하여 이루어진다. ADB는 미국과 일본이 주도하고 있고 2016년에는 중국 주도로 AIIB가 설립되었다. 자금 성격에 따라 무상원조(Grant)와 차관에 의한 유상원조(Loan)가 있다. 일본에서는 ODA를 모두 자이카(JICA)가 담당하는 것에 비해 한국에서는 무상원조는 KOTRA가, 유상원조는 수출입은행의 EDCF가 담당하고 있다.

64) 영국의 ICE(Institute of Civil Engineer)가 모태가 되었지만, 프랑스어가 사용되고 있다. 영어로는 International Federation of Consulting Engineers이다. 계약의 종류는 발주자와의 관계와 공사계약 형태에 따라 Red, Gold, Silver 등 약 9가지를 사용하고 있다. 제노바에 본부가 있고 국제계약 표준으로 채택되고 있다. 참고로 미국에서는 AIA(American Institute of Architects)에서 제정한 'AIA Fair Document'를 표준계약으로 사용하고 있으나 국제적인 적용은 한계가 있다.

로는 판례가 중요한 만큼 변호사와 법률가들의 활동이 많이 필요하게 되어 비용과 시간이 더 많이 소요된다.

해외에서는 세계 제2차 대전 이후로 ODA(공적개발원조, Official Development Assistant)가 이루어지고 활성화되면서 MDB사업 [63]을 중심으로 '피딕(FIDIC, Fédération Internationale Des Ingénieurs-Conseils) [64]'을 표준계약서로 보편화 되고 있다. 이것은 발주자와 계약상대자와 동등한 권리를 추구하고 있는 이유로 많은 경우에 이 계약 내용을 중심으로 설명하고 있다. 예를 들어 여기에서는 클레임 사유가 발생하면 28일 이내로 상대에게 통보하도록 하고, 이렇게 상대가 먼저 클레임 발생 사항을 인지하도록 하고 난 뒤에 이후 상세 내용으로 다시 통보하면서 클레임 처리의 기한과 절차를 정해 놓고 있다. 그런데, 만일 공사가 끝날 때까지 제대로 된 내용이 제출되지 않으면 클레임 권한은 어떻게 되는가?

법과 계약은 인간의 문제를 해결하기 위해 이 세계에 도래하였지만, 현실은 그들에게서 여전히 의심의 눈총을 거두지 못하고 있다. 모든 항목은 깊이 들어갈수록 계약서마다 조금씩 결론이 다르고 전문가들의 의견도 다르다. 의학은 환자가 완치되는 방법이 정답인데, 법학은 정답이 없다. 사실 그렇기에 법률가들의 활동은 의미가 있는 것이다. 국내법에서는 클레임 권한이 사라진다는 규정은 찾을 수 없다. 따라서 원론적으로는 공사가 끝날 무렵에 청구해도 문제가 없다. 심지어 상황에 따라서는 공사가 완료된 이후에도 권한이 사라지지 않을 수 있다. 한편으로 발주자의 동의나 지시 없이 시공을 변경하였거나 공사가 지연되었다면 시공사의 책임도 피할 수 없다. 더구나 발주자의 구두지시로 시공사가 선뜻 공사내용을 변경하였다는 것은 시공사가 무상으로 하겠다는 암묵적 동의도 간과할 수 없다. 그렇지 않은가?

톨스토이는 말년에 인생에 관하여 깊은 생각에 잠겼고, 마침내 우리에게는 '죽음을 생각하고 살아가는 자와 죽음을 망각하고 살아가는 자의 삶은 완전히 다르다' 란 잠언을 남겼다. 고대 로마에서는 개선장군의 뒤에서나 즐거운 연회에서 노예들이 해골을 들고 다니며 "메멘토 모리(Memento mori)"를 외치게 했다고 한다. 17세기 청교도인들은 신세계의 땅에서 해골을 곁에 두고 청빈한 삶을 살았다.

우리가 추진하는 사업도 언젠가는 끝을 맞이하게 되어있고 누군가 이 사업에서 손해를 본다면 언제든지 클레임으로 다가올 수 있다. "역사가 평가한다"라는 말은 우리의 행적은 현재의 입장이 아니라 미래의 관점에서 평가받게 될 것이라는 의미다. 누구도 사업을 통해서 손해를 보아서는 안 되지만 그렇다고 공정하지 못한 방법으로 이득을 보게 해서도 안 된다. 보험에서 가장 중요하게 생각하는 것은 보험을 통한 "이득 금지의 원칙"이며, 민원 클레임도 마찬가지다. 강제 거주나 공사 소음과 진동, 그리고 통행 불편으로 인한 손해는 반드시 보상되어야 한다. 그러나 이전이나 토지 보상, 그리고 민원으로 일확천금을 얻는 것은 없어야 한다. 이것이 왜곡되는 순간 사회적 신용은 바닥을 보이기 시작한다.

오늘날 우리는 영어란 한 가지 언어만 잘해도 대부분 해외에서 통하는 덕분에 해외에서도 공사를 진행해 왔다. 그러나 거기에서 우리가 배운 것은 낯선 환경에서 모든 것이 쉽지 않다는 것이다. 그 결과는 현장 구성(Mobilization)의 지연이었고 건설 인프라 부족과 시행착오로 인한 손실이었으며 "클레임"이 일상처럼 이루어지는 것에 혼란을 겪었다. 과거의 유럽 기사(Knight)들은 영지를 벗어나면 다른 언어를 쓰는 지역으로 둘러싸여 있었고 다른 나라의 왕과 귀족들과 기사들을 만나야 했기에 어릴 적부터 몇 개 국어와 예절과 문화를 배워야 했다. 자신과 다른 환경과 문화가 복잡하게 얽혀 있는 유럽 대륙에서 그들은 그것이 자연스러웠다. 오래전, 네덜란드에서 계약에 관한 협상이 끝나고 그들의 식사에 초대받아 찾아간 곳은 "Colony"란 식당이었다. 식민지란 단어는 우리에게 아픈 기억을 상기시키지만 그들에게는 기회와 번영을 연상시켰다. "클레임"이란 한국에서 금기 단어처럼 여겨졌지만, 그것이 반드시 부정적인 의미가 되어야 할 필요는 없다.

법리를 따지면 더 많은 방안이 나올 수도 있고 다른 해석도 가능하지만, FIDIC에서 시공사가 발주자를 상대로 클레임을 할 수 있는 경우는 대체로 다음과 같다. 이를 반대로 생각하면 발주자가 대비해야 하는 것이다.

Delay drawings or instructions

도면 인계나 지시가 지연되어 비용이나 공기 손실이 발생한 경우 (문서 수신이나 지시에 대한 기록관리가 중요한 이유)

Employer's use of Contractor's documents

시공사의 동의 없이 발주자가 임의로 복사하거나 제3자에게 사용하여 시공사에게 금전적 혹은 직접적인 손해를 끼쳤을 경우(Intellectual and Industrial Property Rights 와 동일하다)

Confidential Details

상대방 당사자에 의해 준비된 공사의 특정 사항을 동의 없이 출판하거나 공개하여 상대에게 금전적 혹은 직접적인 손해를 끼쳤을 경우

Compliance with Laws

법 위반 사항의 발생으로 비용이나 공기 손실이 발생한 경우

Right of Access to the Site

현장 접근이 불가하여 비용이나 공기 손실이 발생한 경우

Permits, Licenses or Approvals

착공을 위한 접근권, 점유권 확보가 지연되어 비용이나 공기 손실이 발생한 경우

Employer's Financial Arrangements

사업비용 지급정지(기성금 지급 등이 일시 중단된 경우)의 발생이나 이에 대한 사실 통보가 지연되어 비용이나 공기 손실이 발생한 경우

Co-operation

발주자가 계약 범위 이외의 사항을 시공하기 위해 발주자가 고용한 당사자가 시공사에게 지연 또는 예상할 수 없었던 비용을 발생시킬 경우 (Limitation of Liability 의 경우와 동일)

Setting out

발주자가 제공한 기준항목들의 오류가 있는 경우 (경험 있는 시공자가 합리적으로 발견할 수 없었고, 이로 인해 지연이나 비용이 발생하는 경우)

Unforeseeable Physical Conditions

예상할 수 없었던 물리적 조건을 만나 비용이나 공기 손실이 발생한 경우

Employer's equipment and free-issue material

시공사의 책임이 없는 범위에서 발주자가 제공한 장비나 자재의 결함으로 인해 비용이나 공기 손실이 발생한 경우

Fossils

지질학적 또는 고고학적 가치가 있는 유물이 발견되어 비용이나 공기 손실이 발생한 경우

Ownership of Plant and Materials

발주자가 대가의 지급 없이 설비 및 자재를 임의 처분하였을 경우(자재, 설비의 소유권 관련)

Delays caused by Authorities

공사 중 국가나 공공 기관들의 방해나 작업 지연이 있었고, 이를 합리적으로 예측할 수 없었던 경우

Delayed Tests

발주자에 의해 정당하지 않게 준공시험이 지연되어 비용 발생이나 준공기한이 초과한 경우

Adjustments for Changes in Legislation

공사 중인 국가의 법률 변경 또는 해석의 변경 등으로 비용이 증가한 경우

Advanced Payment

발주자가 선금을 제때에 지급하지 않았을 경우

Delayed Payment

발주자가 제때에 기성을 지급하지 않은 경우 (상호 이견이 없는 부분에 대하여, 이자를 포함한다)

Cessation of Employer's Liability

발주자의 문제적 행위로 인해 비용이나 손실이 발생한 경우

Consequences of Employer's Risks

전쟁 및 전쟁 유사 사건, 폭동, 내란, 방사능 오염, 비행체에 의한 압력 파동 등 합리적으로 예측할 수 없었던 사건에 대한 피해로 인한 비용이나 공기 지연 발생 시 (Consequences of Force Majeure에서도 동일 적용)

성공적인
건설사업관리(CM)를
위하여

01

발주자가 선택해야 하는 것과 선택하게
해서는 안 되는 것들

제2차 대전이 끝난 이후, 세계가 이데올로기로
대립하며 젊은이들을 공황에 빠지게 하였을 때 사르트르
(Jean Paul Sartre)는 "인생은 B와 D사이의 C다[65]"란 잠언으
로 그들의 가슴에 중심을 잡아 주었다. 그의 말처럼 우리의 삶은 영원한
안식을 얻을 때까지 선택의 연속이다. 선택이 이루어지고 나면, 나머지는
필연과 우연이 섞인 과정을 통해 채워진다.

건설사업이 진행되는 동안에 발주자는 설계자와 감리자, 그리고 시공
사로부터 끊임없이 이런저런 사항의 결정을 요구받는다. 한편으로 발주
자는 그들에게 끊임없이 이런저런 사항을 요구하며 변경이 이루어진다.
모든 결정을 발주자에게 미룬다면 그들은 전문가가 아니라 책임지기 싫

은 이유만 있기 때문이요, 반대로 발주자의 일방적인 결정에 따라 이뤄진 것에 대해 책임을 공방하는 것은 살찌는 것을 알면서 왜 내가 먹는 것을 막지 않았냐고 말하는 이들의 투정이다. 누가 무엇을 결정해야 할까? 발주자는 어떤 요구를 해야 할까? 그리고 그것은 언제 결정되어야 할까?

　지하철을 타면 플랫폼이 중앙섬 형으로 된 곳이 있고 양쪽 분리된 플랫폼으로 되어있는 곳을 볼 수 있다. 이용객들에겐 중앙섬 형태가 편리한데 왜 양쪽으로 분리된 플랫폼이 있을까? 그런데 자세히 관찰하면 전자는 지하철이 다른 터널에서 각각 따로 나와 플랫폼 양쪽에 정차하고, 후자는 하나의 큰 터널에서 양방향으로 나와 두 플랫폼 사이에 위치하는 것을 볼 수 있다. 큰 터널 한 개는 작은 터널 두 개보다 공사비가 대략 20~30퍼센트 정도 저렴하다. 그러나 터널을 마음대로 크게 만들지 못하는 까닭은 지반이 충분히 튼튼하지 않기 때문이다. 약한 지반에 큰 터널을 뚫기 위해서는 보강 비용이 터널 굴착 비용보다 더 많다. 우리나라는 동고서저(東高西低)의 지형이면서 북에서 남으로 암이 뻗어있고, 그 중앙에 위치한 서울은 산이 많은 북동쪽에 견고한 암이 지표면 가까이 위치하고, 한강 주위는 퇴적 지형이 더 많이 나타나면서 크게 습곡을 이룬다. 서울 지하철 4호선은 길음역 이전까지, 2호선과 5호선은 동부에서 큰 터널을 뚫을 수 있어 양쪽 분리된 플랫폼이 많이 나타난다. 수조(兆) 원의 비용이 드는 지하철 건설에서 플랫폼 형태를 결정하는 것은 기술자의 이런 판단이 먼저다.

중앙섬형 플랫폼(위)과 터널(아래 좌), 분리형 플랫폼의 터널(아래 우)

　　지하철의 예와 같이, 구조적 안정과 기능이 중요한 부분은 엔지니어의 결정이 중요하다. 과학자는 지식의 발전만을 목적으로 하지만 엔지니어는 기술에 경제성을 더한다. 과학자에게는 현실과 무관함을 허용하지만, 엔지니어는 현실과 동떨어지는 순간 외면받는다. 그는 기술을 현실로 가져와 인간의 꿈을 실현하는 전문가이기 때문이다. 따라서 전문가의 결정이 중요한 순간에서 발주자에게 선택을 미루는 것은 전문가의 의무를 저버리는 것이다. 사업의 성공을 생각할 때 플랫폼의 형태는 이용객의 편의보다 엔지니어의 판단을 따른 것이다.

하지만 마감과 시설의 가치를 결정하는 것은 발주자의 몫이다. 이것은 품질이나 기능보다 기호에 있다. 머리보다는 가슴에 다가가기 때문이다. 그래서 호텔이나 상업용 건물은 인테리어 공사가 더 중요하다. 인테리어는 건축 부분만 해당하는 것이 아니라 전기 조명과 콘센트의 위치까지도 포함한다. 그리고 최근 다양한 종류의 냉난방과 공기 정화 설비의 등장으로 이들의 위치와 형태도 발주자가 선택할 인테리어 영역에 속한다.

이에 더하여 엔지니어는 건물을 사용하다가 문제가 발생했을 때를 대비하여 어느 부분이 어떤 자재로 되어있는지, 어떻게 시공되어 있는지[66] 발주자에게 알려 주어야 한다. 발주자가 관심 두지 못했지만, 그가 알아야 할 것을 챙겨주는 것, 그것이 건설사업관리자가 하는 일이다.

이런 관점에서 주요자재는 무엇을 쓸 것이고 공사 중에 중점적으로 관리할 대상은 무엇인가가 도출된다. 그리고 이것은 공사 일정과 품질, 그리고 원가에 가장 큰 영향을 준다. 그러므로 이것은 공사 초기에 발주자와 건설사업관리자, 시공사가 모여 앉아 결정해야 한다. 80퍼센트의 결정사항은 쉽게 결론에 이를 수 있지만, 나머지 20퍼센트가 때로 많은 시간이 걸릴 것이다. 우리가 관리해야 할 부분은 전체가 아니라 단

66) 이것을 『품질관리계획서』에서 각각 "주요자재" 소요와 "중점품질관리" 대상이라고 한다. 일반적으로 주요 자재란 철근, 레미콘, 철골과 같은 구조와 관련된 항목과 내외부 마감재, 엘리베이터, 화장실, 욕실 등의 편의시설, 표시물(Sign), 인테리어 등이 해당하고, 중점품질관리대상은 지하 매설물을 포함한 토공사, 철근 콘크리트 공사, 용접 등 이음, 공조설비, 소방설비, 폐수시설 등이 해당된다. 각 공사마다 그 종류를 발주자와 감리, 시공사가 상의하여 결정해야 한다.

지 그 부분이다. 인테리어 결정도 **빠를수록** 좋다. 대규모 아파트 사업에서 모델하우스를 짓는 것처럼, 비용이 허락하는 한 전체의 마감을 직접 볼 수 있도록 사업 초기에 인테리어 샘플실을 준비하는 것도 유용하다. 작업이 시작되고 난 뒤의 결정은 결정하지 않은 것만 못할 때가 있다.

발주자에게 선택할 여지도 없이 진행된 것은 그 결과에 따라서 불신을 가져오게 한다. 하지만 너무 많은 선택을 하도록 하는 것은 오히려 발주자를 곤혹스럽게 한다. 이발을 할 때 단순히 어떤 스타일이나 어느 정도의 길이로 깎아달라는 주문이 있을 뿐 머리 깎는 것 하나하나마다 지나치게 결정을 요구한다면 그의 헤어스타일은 누구도 원하지 않던 모양이 되어있을 것이다. 사업의 성공은 관리의 핵심을 명확히 하는 것에 있다.

02

건설사업관리자의 자격조건

　　　　　　책과 영화로 소개된 『머니볼(Money Ball)』의 스토리는 미국 메이저리그에서 만년 최하위를 기록하던 구단을 정상 수준에 올려놓은 빌리 빈(Billy Bean)이라는 구단주의 실화다. 경제 저널리스트인 마이클 루이스는 그의 일화를 기록하며 "보이지 않는 것에 대한 측정" 방법에 주목했다. 그는 야구에 경영학을 도입하며 선수 개개인의 역량보다 운영의 중요성을 보여주었다. 기존에서 가치를 두던 측정 기준을 바꾸어 야구에서 정말 중요한 것이 무엇인지 다시 생각한 것이다.

　이처럼 꿈같은 이야기는 최근 우리나라에서도 실재한다. 성수대교 붕괴를 계기로 1995년 설립된 한국시설안전공단은 매년 공기업 평가에서 최하위를 기록하였으나 강영종 이사장의 취임을 계기로 2017년 이후 줄곧 최상위 등급을 받으며 여전히 우리에게는 변화가 필요하다는 것을 보여주었다.

　건설에서 중요한 것이 시공사의 역량이라고 생각하기 쉽다. 하지만 그보다 이를 관리하는 발주자나 건설사업관리자의 역할은 훨씬 중요하다. 공사는 도급사가 하는 것이 아니라 하도급자가 하는 것이고 그들은 '사업관리'를 해야 하기 때문이다. 건설사업관리자가 시공사의 소속으로 있을 때 가장 막강한 힘을 가지고 있다. 우리가 규모가 큰 도급사를 신뢰하는 이유는 바로 이것이다. 그는 가장 현장에 접목도가 높고 실제로 즉각적인 조치와 행동을 할 수 있다.

　발주자에 의해 고용된 CM으로서의 건설사업관리자는 발주자의 기술자문이요, 기술 분야를 맡은 발주자의 직원처럼 생각해야 한다. 그는 발주자의 의사결정을 돕는다. 의사결정자가 좋은 의사결정을 할 수 있도록 이끄는 것이 그의 진정한 역할이기 때문이다. 마키아벨리의 『군주론』과 동시대에 탄생한 것이 발데사르 카스틸리오네(Baldesar Castiglione)가 쓴 『궁정론』이다. 왕을 보필하는 최고의 방식을 얘기하는 이 책은, 마초 같은 권력자에게만 관심을 가진 사람들에게 군주를 올바로 이끄는 위대한 이인자(二人者)론에 대하여 얘기한다. 감리의 역할도 최초에는 발주자의 기술자문이었으나 법과 지침이라는 규정에 얽매이는 사이 본연의 의미를 잃고 말았다.

　발주자의 직원으로서 건설사업관리자는 그의 지위에 따라 양상은 달라진다. 그가 핵심이 될 수도 있지만, 때에 따라서는 가장 나약한 상황이다.

성공과 겉보기 지위는 함께 뛰어가는 동지가 아니다. 하지만 그가 현명할수록 사업은 순풍을 탈 것이다. 요리사가 많으면 국을 망친다고 하지만 건설사업관리자는 세 위치에 모두 있어도 좋다. 자기의 이익만을 추구하는 것이 아니기 때문이다.

회사의 가치관인 경영 목표나 비전에서 이익을 목표로 내세우는 회사는 많다. 그런데 그것을 고객에게도 내세울 수 있는가? 연봉은 그의 가치를 알려주는 지표다. 그러나 연봉을 최고의 성공으로 내세운다면, 그는 회사에도 그것을 말할 수 있는가? 몇 개의 작은 목표 중에 있을 수는 있어도, 이익이 회사나 개인의 가장 우선은 아니다. 대체로 숫자 경영은 제조업에 적합한 것 같다. 서비스업은 고객과의 솔직한 대화가 성공의 비결이다. 신뢰 없는 서비스업은 지속될 수가 없다. 그래서 빌리 빈의 고백은 우리에게 의미 있는 여운을 남긴다. "돈 때문에 내 인생을 선택한 적이 있다. 그러나 다시는 그런 선택은 하지 않겠다."

건설사업관리자가 갖추어야 역량

그런 그에게는 몇 가지 자질이 요구된다. 먼저 모든 분야의 전문가에게는 반드시 "가추적인" 접근 능력이 필요하다. 논리적인 판단에는 연역법과 귀납법이 있다. 전자는 논리 관계가 명확하게 있어야 하고 후자는 모든 사실을 이미 알고 있는 상태에서 시작하지만, 가추법(假推法, Reasoning 또는 Abductive reasoning)은 이 둘의 명확성이 없을 때 새로운 지식과 결론을 얻는 데 필요한 방법이다. 새로운 연구를 할 때는 '가설(假設)'을 세우고 그에 맞는 결과를 확인하기 위해 수많은 실험과 조사를 통해서 사실을 확인한다. 데이터를 통해서 일반적인 사실을 도출하는 것은 귀납적 방법이고 이를 동료와 다른 전문가들이 확인하는 방법에서는 연역적 방법이 사용되지만, 처음의 시작은 '가추법'이다. 뛰어난 연구 실적을 가진 사람들은 가설을 세우는데 능하다. 그것의 핵심은 "전문가적 경험"과 "호기심"이다. 셜록 홈즈가 그토록 추리에 뛰어난 것도 가추법에 능했기 때문이다. 이 방법은 현대 분석철학과 기호논리학의 선구자인 찰스 샌더스 퍼스(Charles Sanders Peirce)가 이름 붙인 것이다.

이를 통해 건설사업관리자는 사업자의 의사결정을 돕기 위한 개략 공사비와 기간에 대한 감각과 산출능력을 갖추게 된다. 모든 사업 결정의 판단 기준은 비용과 시간이기 때문이다. 이것은 가치에 대한 개념이지 실제 소요에 대한 물음이 아니다. 경험에 비춘 타당한 가정이다. 그가 산출하는 것은 방향 설정을 위한 것이고 시공사가 산출하는 것은 청구하기 위함이란 점에서 차이가 있다. 의사결정을 하기 전에는 당연히 명확한 범위와 확실한 정보가 없는 상태다. 의사결정자가 판단하는 사이, 시간은 계속해서 지나가고 공사는 계속 진행 중이다. 이미 완료된 부분을 철거하고 공사하는 것은 결코 현명한 선택이라고 할 수 없다.

그리고 그는 토목, 건축, 기계, 전기라는 공사 종류와 관계없이 전체를 보아야 한다. 그렇다고 모든 문제를 풀거나 해결하는 사람이 아니라 킹핀(King Pin)[67]을 처리하는 사람이다. 볼링에서 1번 핀이 킹핀이 아니듯이 중요한 일은 반드시 의사결정자가 중요하다고 생각하는 일이 아니라 그 사업이 무난히 완료될 수 있도록 해결되어야 하는 사항이다. 중요한 일의 기준이 현시점에서 바라보아야 하는 것이 아니라 완료 시점에서 생각되어야 하는 이유다. 헨리 포드 이후 인류는 분업의 위대함을 깨달았지만, 전체를 보는 시야를 잃었다. 그는 대중에게 자동차 시대를 열어주었지만, 덕분에 하나의 차량을 만들 줄 아는 기술자는 얼마 남지 않았다. 그래서 부분적으로 개선하거나 새로운 기술을 접목한 신차는 출시되지만, 전면적인 개선은 좀처럼 이루어지지 않는다. 스티브 잡스가 내어놓은 아이폰은 기존의 기술들을 이용한 것이지만 완전히 다르게 이용하는 방법을 보여주었다. 그래서 혁신이라고 한다. 건설은 획기적인 혁신을 필요하지 않지만 언제나 같은 시설을 짓는 것은 아니다. 신축이든 리모델링이든 건설은 언제나 장소가 다르다. 장소가 다르고 환경이 다르면 건설 방법도 달라진다.

건설사업관리자가 전체를 볼 수 있으려면 대부분 현장에서 발생하는 상황에서 유사한 점을 찾고, 직접 경험하지 못했더라도 간접적으로 접할 수 있는 상황이 접하여 다양한 현장에서 발생하는 문제점들을 접하는 대로 그 문제들에 대해 같이 고민하면서 그 원인과 현상을 연구하는 습관을

[67] 캐나다 산림지대에서는 벌목한 통나무들을 강에 띄워 운송하는데 간혹 강폭이 좁아져 유속이 빨라지면 여기저기 뒤엉켜 막히는 경우가 있다. 이때 모든 목재를 하나하나씩 처리하는 것이 아니라 가장 문제가 되는 것 하나만 풀어주면 나머지는 저절로 풀려서 다시 흘러내려 가는데, 이 통나무를 "킹핀(King Pin)"이라고 한다. 볼링에서 킹핀은 5번 핀이다.

지녀야 한다. 그 과정이 오래되면 다른 공사 종류에서 발생하는 문제일지라도 그들의 문제점과 어려움, 그리고 설명을 이해할 수 있다. 아무리 오랜 경험을 가진 사람이어도 모든 종류의 시설물을 시공해 본 사람은 없다. 일생에 아무리 많은 현장을 거쳐도 백 개소가 되기 어렵지만, 세상에서는 만 가지가 넘는 건물 형태가 있다. 그러나 버트런트 러셀(Bertrand Arthur William Russell)은 "사람은 노력하면 다섯 가지 정도의 분야의 전문가가 될 수 있다"고 하였다. 그는 철학자이자 수학자, 수리논리학자, 역사가, 그리고 사회 비평가란 타이틀을 가졌다. 식지 않는 지적 열정과 호기심을 가졌다면, 모든 분야에서 전문가까지는 아닐지라도 방향과 상황을 판단하는 정도는 될 수 있다. 그가 '선무당'과 다른 것은 자기의 분야에 확실한 상태에서 다른 분야에도 열린 마음과 열정과 호기심이 있기 때문이다. 대통령이 경제와 외교, 정치 모두에 통달할 필요가 없듯이 건설사업관리자는 각 공사 종류의 내용이 설득력 있고 이해할 수 있는 정도이면 된다.

마지막으로 그는 약속한 수준과 기일을 지킬 수 있어야 한다. 약속을 지킨다는 것은 처음 말한 것을 목숨 걸고 지킨다는 의미가 아니라 변동이 발생하였을 땐 조치가 불가능할 때까지 숨기지 않고 그 상황을 인식하였을 때 현 상황을 공유하며 약속을 지키도록 노력한다는 것이다. 반대로, 노력도 없이 변동이 발생하였으니 일정이 변경된다고 '통보'하는 것은 무성의하다. 일은 그냥 내버려 두면 저절로 일정에 맞춰지는 것이 아니다.

꾸준히 일을 이루기 위한 노력이 필요하다. 무성의와 노력의 경계를 어떻게 구분 짓느냐는 입장을 바꾸어 생각하는 역지사지(易地思之)에 달려 있다. '내가 아닌 다른 사람은 이 문제를 해결할 수 있는 것인가 아닌가' 이다. 현재 다른 이가 오더라도 해결할 수 없는 상황이면 변경은 피할 수 없다. 그러나 다른 사람은 해결할 수 있는 것을 내가 갖고만 있거나, 그 피해를 보게 될 사람에게 사실을 숨기는 것이 문제다. 신뢰는 소통과 성실을 먹고 자라난다. 지난 뒤에 모든 사실이 밝혀졌을 때도 숨긴 것이 없는 것이 성실이다. 그리고 성실함이란 지시한 내용을 확인할 때만 진행하는 것이 아니라 더 이상 지시를 하지 않더라도 잊지 않고 수행하여 그 결과를 필요로 할 때 일의 진행을 보여주는 것이다. 이것은 가추성과 넓은 시야를 갖추었을 때 가능하다. 그리고 이것을 잘할수록, 그 사업과 회사에는 좋은 사람들이 모인다. 이렇게 모인 사람들의 팀웍은 당연히 좋을 수밖에 없다.

마음 맞는 이와 함께 가라

나는 군복무를 사단의 공병 소대장으로 시작했다. 휴일과 야간에는 사단 위병소에서 당직 근무를 섰는데, 위병 중에는 당시 최연소로 프로 골퍼가 된 병사가 있었다. 그는 골프를 좋아하는 전임 사단장에 의해 특기병으로 선출되어 이 부대에 왔다고 했다. 그러나 겨우 몇 개월 뒤에 테니스를 좋아하는 사단장이 후임하면서 그의 보직은 위병으로 변경되었다.

모든 CM의 인원이 모두에게 완벽할 것이라는 기대는 할 수 없다. 그를 평가할 때 평가의 기준이 무엇인가에 대한 물음이 선행되고 반드시 그 사람이 문제인지 그 시스템이 문제인지 구별되어야 한다. 세종대왕과 이순신 장군도 모두에게 존경받지는 못했듯이, 사람마다 그에게 더 잘 맞는 이가 있기 마련이다. 사장이 골프를 좋아하면 골프 잘하는 사람이, 테니스를 좋아하면 테니스 잘하는 사람이 적격이다. 맞지 않는 상태를 오래 방치하는 것은 오히려 그의 장점을 발휘할 기회도 상실시키는 것이다. 급여는 자기의 능력보다 회사의 능력에 따라 주는 것이다. 연봉이나 회사 잘못만 얘기하며 자기 이익만 챙기는 개인을 내버려 두는 것도 여전히 성공과 실패의 기준을 잘못 가져가는 것이다. 핵심역량지표(KPI, Key Performance Index)의 폐지론과 면접 무용론이 나오는 것은 이러한 이유 때문이다. 수치 결과를 참고하는 것도 필요하지만 회사와 개인의 가치관을 올바로 세우는 것이 더욱 중요하다.

68) "이데아(IDEA)" 사상을 통해 이상주의를 추구한 플라톤은 『국가론』에서 이상주의 국가는 철인이 통치하는 정치라고 얘기했다. 젊을 때는 음악과 체육과 철학의 기초를 배우고, 경험과 훈련을 통해 불의에 대해 이해할 수 있는 나이에 이를 때 훌륭한 재판관이나 수호자가 될 수 있다고 한다.

개인 역량에 관한 기준을 논할 때 경험이 많다는 것은, 참고될 수는 있으나 절대 기준은 될 수 없다. 인간의 두뇌 능력은 이십 대는 암기력이, 삼십 대는 이해력, 그리고 사십 대는 판단력이 좌우한다. 그래서 플라톤은 철인(哲人)은 사사십 대에 가서야 완성된다68).

한 분야의 전문가가 되려면 평균 십 년이 걸린다. 심리학자 안데르스 에릭슨(Anders Ericsson)이 얘기하고 말콤 글래드웰이 소개하며 유명해진 '1만 시간의 법칙'은 하루 약 세 시간 정도를 십 년간 정성을 가지고 노력했을 때 한 분야의 전문가가 된다는 의미다. 주말과 휴일을 제외하면 하루 네 시간이 넘어간다. 여기에서 전제는 단순히 노력하는 것이 아니라, 이를 다양하게 연구하고 다른 시도와의 비교를 통해 스스로 발전하는 노력의 시간을 말한다. 아무리 열심히 한다고 해도 노동으로 할 때가 아니라 운동으로 몸을 쓸 때 다이어트가 되고 근육이 생기는 법이다. 발전과 미래를 생각하는 통찰은 현재의 삶에 찌들어 바닥을 내려 보는 사람이 아니라 고개를 들고 앞을 내다보는 마음의 여유를 가진 사람들에 의해 제시되어 왔다. 그는 새로 쓴 『1만 시간의 재발견』에 "노력은 왜 우리를 배신하는가"란 부제를 붙였다.

정치와 경제와 건설은 기존의 경험만으로 충분한 것이 아니라 항상 새로운 문제에 직면하고 새로운 해결법을 요구한다. 새로운 문제에 대처하는 능력은 그가 그동안 얼마나 기존의 문제들을 적극적으로(pro-active 하게) 대처해 왔느냐는 그의 태도에 달려 있지, 결코 그가 거쳐온 세월에 달려 있지 않다. 때로는 그가 보내온 오랜 시간을 이미 투자한 아까운 비용으로 생각하고, 그의 고정관념을 더욱 깊이 박아 넣은 앵커로 작용시켜 오히려 새로운 문제에 대한 대처를 둔하게 만들 수도 있다. 이를 극복하

69) '귀곡자, 귀신 같은 고수의 승리비결(박찬철, 공원국 공저, 위즈덤하우스)'에서 번역을 빌어왔다. 췌마(揣摩)편의 구절로, 귀곡자는 전국시대에 합종연횡책을 내어놓은 소진과 장의, 그리고 손자병법의 손빈과 방연의 스승이며 귀곡(鬼谷)이란 곳에 은거하여 귀곡자라 불린다.

70) 이 말의 원문은 "Gedanken ohne Inhalt sind leer, Anschauungen ohne Begriffe sind blind"인데, Anschauungen는 직관, 통찰이라는 의미도 갖고 있다. 이 말을 조금씩 다르게 번역하기도 하는데, 그 의미는 경험과 이론이 겸비되어야 한다는 의미다. 이것은 또한 "학이불사즉망, 사이불학즉태(學而不思則罔 思而不學則殆, 배우고 생각하지 않으면 막연하여 얻은 것이 없고, 생각만 하고 배우지 않으면 위태롭다)" 『논어』(김형찬 역, 홍익출판사)라고 말한 것과 유사한 의미다.

려면, 자기의 경험에서 무엇을 배웠는지 정리하고 끊임없이 새로운 문제에 도전해 왔는지 확인하는 사람이어야 한다. 미리 알고 있었음에도 불구하고 닥쳐서 처리한 것은 항상 부족함이 있다. 그래서 귀곡 선생은 "매번 일을 이루는 것은 몰래 덕을 쌓았기 때문"[69]이라고 하였다. 그리고 진정한 경험의 의미에 대해서는 칸트의 말에서 명확하게 이해할 수 있다. "경험 없는 개념은 무의미하고 개념 없는 직관은 맹목이다.[70]"

현실의 어려움을 극복하기 위해서는 내부의 목소리에 귀를 기울이라고 말한다. 많은 스님이 추운 겨울에 동안거에 들어가고 여름에 하안거에 들어가는 것은 내면의 목소리에 귀를 기울이기 위함이다. 그러나 우리는 우리 자신의 목소리에도 귀를 기울이는 사람은 많지 않다. 조직이 문제에 부닥쳤을 때 내부의 목소리가 나올 수 있고 그 목소리를 들을 수 있다면 많은 것들이 해결되겠지만 그렇지 못할 때 외부의 도움이 필요하다. 건설사업관리자는 내부자가 될 수도 있고 외부자가 될 수도 있다. 그는 의사결정자일 수도 있고 그렇지 않을 수도 있지만, 실질적으로 그 건설사업을 이끌어 가는 리더다.

03
___

일정 관리 프로그램으로 할 수 있는 것들

건설산업에도 컴퓨터가 들어왔다. 현장에서는 제도판과 'T자71)'가 사라졌고, 타자기 소리가 탁탁거리던 사무실에 모니터가 놓였다. 사무실은 변화와 변화를 거듭하더니, 이제는 한 사람이 두 개, 혹은 세 개의 커다랗고 날씬한 모니터를 놓고 사용하고 있다. 그리고 어떤 산업이 되었건 여러 개의 모니터 중 반드시 하나 이상에는 그래프나 도표가 떠 있다.

피타고라스가 바닥 타일에서 직각 삼각형의 비밀을 발견한 지 2500년이 지났다. 무질서로 생각되던 자연을 뉴턴이 수학적 기호로 표시하면서 수학은 우리의 생활로 들어왔고, 그 수학이 그림으로 표현되기 시작했다. 바로 그래프다. 일정을 그림으로 표현하는 것의 시작은 헨리 간트(Henry L. Gantt)72)였다. 막대 모양으로 수평으로 줄을 그은 이것은 '바 차트(Bar

71) 제도를 할 때 직각으로 선을 긋기 위해 제도판에 수평으로 놓는 커다란 자를 말한다. 이것은 건축학도를 꿈꾸는 학생들에겐 그들의 상징이나 다름없었다.

72) 그가 1913년에 쓴 『Work, Wages and Profits』을 미국 엔지니어링 매거진(The Engineering Magazine)에 노동 문제에 관한 수학적 해석 방법을 발표하며 바 차트 형식을 소개하였다.

Chart'라고도 불리지만, 이 방법의 특징은 전체 내용을 한 눈에 보여준다는 것이다. 어찌 되었건 가장 간편하면서도 확실하게 표현하는 방법으로 사랑받아, 이후 다양한 그래프가 고안되었음에도 백 년이 지난 지금까지 우리는 그의 도안을 가장 사랑하고 있다.

일반적으로 공사 일정 작성 수준(Level)은 3단계로 나눈다. 초기 단계에서 사업계획을 위한 마일스톤 일정을 중심으로 한 것이 1단계(Level 1) 공정이며, 모든 사업 관계자들과 논의하기 위해 작성된다. 현장이 개설된 후에 공사관리자는 이것을 상세하게 만드는데, 이것이 2단계(Level 2) 공정이다. 대체로 공사 관계자들은 이것을 중심으로 월간공정회의에서 논하게 된다. 현장의 관리 담당자는 더 상세하게 나아가 현장의 작업들을 중심으로 하는 3단계(Level 3) 공정을 작성하고 현장 주간회의를 통해 점검되고 관리한다. 이것은 논리적으로 Level 2의 세부내용이며, 더 나아가 작업자들 중심으로 하루나 시간 단위의 공정표가 있다.

베르디(Giuseppe Fortunino Francesco Verdi)가 여자의 생각을 오해하게 했지만, 실은 남자의 사고도 갈대였다. 엑셀과 같은 스프레드시트나 문서 작성용 프로그램으로 공정표를 작성할 때 전체와 부분을 함께 보여주는 것은 지면 제한과 식별의 문제로 사실상 불가능했고, 작은 수정이 발생하면 작성자들을 곤란한 상황에 놓이게 했다(대부분 다시 작성해야 했다). 공사의 선행과 후행 관계는 일부 작업자들의 머릿속에는 있었지만, 이것을 다른 작업자들의 머릿속에 옮겨 오거나 발주자에게 정확히 전달되는 것은 거의 종교 개종에 가까운 노력이 필요하다. 인간의 편의주의로 발생한 주말이나 수일간의 이어진 연휴는 처음부터 반영할 수가 없었지만, 다시 작성될 때마다 인간의 실수(Human Error)는 조금씩 반영되었다. Level 2만 하더라도 이미 상당히 복잡한 단계에 있으므로 Level 3의 공정표를 작성하면서 Level 2의 일정과 비교하는 것은 작성자들의 머리도 복잡하게 했다. 복잡한 것은 잊혀지거나, 외면받는다. 현실과 공정표 작성의 괴리는 여기에서 출발한다.

컴퓨터를 통한 전문 프로그램의 등장은 이 모든 어려움을 해결했다. 도면 작성이 CAD(Computer Aided Design)로 대체된 것처럼 진정한 컴퓨터를 활용한 공정표 작성이 가능해진 것이다. 프로그램 중에 국내와 해외에서 가장 인정받으며 널리 사용되는 것은 프리마베라(Primavera), 엠에스 프로젝트(MS-Project), 틸로스(Tilos)와 같은 것들이다. 이들은 간트 그래프 외에도 앞뒤 선행관계를 명확히 보여주는 네트워크 그래프로 변환도 가능하고 부분과 전체를 함께 보여준다. 작업이 빨리 시작되거나 늦게 끝나는 경우와 같이 다양한 변수의 고려도 가능하다. 모두 비슷한 기능을 갖추고 있지만, 프리마베라는 일정의 여유 기간과 각 세부 작업별로 투입되는 원가 계산과 같이 다양한 계획 수립에 조금 더 적합하고, 틸로스는 초고층이나 도로, 터널 같은 선형 공사에 적용성이 뛰어나다고 평가되고 있다. 이들은 모두 부분적인 작업의 변경이 있을 경우 전체 일정에는 어떤 영향이 있는지 즉시 보여준다. 애초에 작성된 일정표에서 수정이 있다면, 각각의 변경에서 어떤 요소가 얼마큼 바뀌었는지 비교 확인도 가능하다. 한국의 공사 현장에도 이러한 프로그램들이 소개되자 많은 이들이 열광했다.

그러나, 이처럼 뛰어난 장점들에도 불구하고 한국의 현장에서는 대부분 여전히 기존의 방식을 고수하고 있다. 구체적이고 사실적일수록 복잡하다. 사용자 환경(User Interface)을 향상시켰다고 하지만 여전히 프로그램들이 보여주는 모습은 기계적인 어색함이 묻어 있다. 이런 것들이 사용하기 어려운 이유로 선택되었다.

하지만 무엇보다 아날로그 사고를 디지털로 바꾸기가 쉽지 않았다. 프로그램은 휴먼 에러를 허용하지 않았고 컴퓨터의 방식으로 얘기하지 않으면 전혀 엉뚱한 결과를 보여주었다. 이것은 명백하게 직관에서 벗어나게 했다. 그러면 마치 신분 탓을 하던 것처럼 모두 프로그램의 탓으로 돌렸다.

워드나 스프레드시트로 공정표를 작성할 때는 필요에 따라, 새로 그렸다. 다른 현장 작업의 데이터는 언제나 그때그때 다른 사정이 있었다는 것만 강조되었고 부스터의 흔적은 보여주기 싫은 상처였다. 프로그램은 과거에 말한 바를 함께 보여주었고, 과거의 굴레에서 벗어날 수 없도록 하였다. 그래서 Level 2와 Level 3를 연결시키는 것은 모두를 당황하게 했다. 사실상 지금까지 작성되어 온 공정은 수학적 논리로 작성되어 온 것이 아니라 작성자 의지의 표현에 가까웠기 때문이다. 그리고 정답만을 얘기하도록 배워온 과정에서 '다르다' 는 것은 '틀리다' 로 받아들여졌다.

원인과 이유에 대한 설명보다 '틀린 모습' 에 집중할 때 한 걸음 더 나아가는 것은 힘들어진다. 원인에 대한 올바른 분석은 우리가 다음 발걸음을 어떻게 옮겨야 하는지 '함께' 생각하도록 다독여준다.

해외의 많은 발주자는 특정한 프로그램으로 작성된 공정표 제출을 요구한다. 하지만 해외 현장에서 활약하거나 한때 공정 프로그램 작성을 이끌던 사람들은 국내에서는 대부분 원래의 건축이나 토목 분야로 돌아왔다. 공공기관은 공정 전문 프로그램으로 작성하는 것을 요구하지 않으며 민간에서는 그것의 이점이나 차이를 이해하지 못한다. CAD직원처럼 별도의 관리 직원이 필요하다고 말하면 부담을 느낀다. 게다가 우리는 지시에 의한 일정 수립은 익숙하지만 스스로 계획을 수립하는 것은 익숙하지 못하다. 필요하면 언제든 부스터를 쓸 수 있기에 일정을 미리 논할 필요도 없었다. 컴퓨터란 융통성을 허락하지 않는다. 하지만 인간은 당신의 생각보다 논리적이지 못하다. 프로그램에서 조금 더 나아가면 인공지능(AI, Artificial Intelligence)이다. 우리가 영화에서 인공지능을 두려워하는 것은 강한 인공지능의 출현 때문인데, 여러 산업 분야의 실무에서는 이미

약한 인공지능도 우리를 두렵게 하고 있다[73]. 그러나 프로그램은 우리의 논리를 체계화 시키고, 사업을 이끌고 있는 사람들의 생각을 공유하게 한다. 이것은 매우 매력적인 장점이다. 그리고 품질관리계획서처럼 보여주기 위한 것이 아니라 모두가 관심을 가질 때 사업관리에 매우 도움이 되는 방식이다. 건설사업에 참여하는 사람들의 현명함이 없이는, 앞으로 프로그램을 넘어 인공지능이 향후 공사 일정을 관리하는 시대가 도래할지도 모른다.

04
___
일정 관리, 이렇게 해야 한다

2000년대 초 건설업계에 패스트 트랙(Fast track)이 유행한 뒤로 지금은 흔해진 용어가 되었다. 계획이 서면 곧 실행에 옮겨야 한다. 공장은 곧 문을 열어 돌아가야 하고 건물은 임기 내에 완공되어야 한다. 그러나 이미 계획에 너무 긴 시간을 소비한 뒤다. 이때 '패스트 트랙'이라는 발주 방안은 아주 매력적이다. 계획이 다 되지 않아도 시공이 함께 할 수 있으니 사업 기간을 훨씬 단축할 수 있다는 유혹이다. 하지만 패스트 트랙을 사용하려면 의사결정의 명확함, 의사소통의 원활함, 문서관리의 철저함과 같은 투명성과 유기적인 시스템 운용이 요구된다. 공사는 시작하면 멈출 수 없는 열차에 올라탄 것처럼 중단없이 진행되어야 하기 때문이다. 중단과 진행을 반복한다면, 현장 작업을 패스트 트랙으로 만들어 버린다. 그 순간, 공사는 한쪽 바퀴로 끌려가는 마차가

된다.

건설 일정 계획은 여행 계획과 같다. 여행을 계획할 때 미리 주요 일정 (Milestone)을 세워 예약하고 현지의 세부 일정은 가이드를 통해서나 현지에서 계획하며 사정이나 취향에 따라 일정이 바뀌면 그것에 맞게 예약을 변경하듯이, 그렇게 하는 것이다. 골프선수들이 미리 홀마다 어느 지점에 볼을 떨어뜨려 다음을 몇 번 아이언으로 공략할까를 구상하고, 해저드를 넘길 것인가 그 앞에 떨어뜨릴 것인가, 한 번에 도전할 것인가 두 번으로 나눌 것인가, 그린 근처에서는 칩샷(Chip shot)을 할 것인가 굴릴 것인가를 고민하듯이, 그렇게 하는 것이다. 일반인들에겐 그저 달리기만 하면 될 것 같은 마라톤도, 선수와 코치는 어느 지점에서 어느 정도의 스피드로 가고 어떤 주법으로 언제 피치를 올릴 것인지를 미리 계획하며, 경기 중에는 내 몸의 상태가 어떤지, 언제 선두 그룹에 합류할 것인지 끊임없이 생각하며 '경기를 운영' 한다. 하물며 억 단위의 비용이 투입되는 건설사업에서 계획이 아닌 손으로 그은 그림을 믿고 사업에 임할 수는 없다.

공사 일정의 흐름은 전반적으로 S-Curve[74]를 보인다. 그래서 공사 초기에는 관리 포인트가 많지 않고 남은 일정이 많아 공사 속도처럼 현장 분위기는 여유가 있다. 그런데 전체 사업의 성공은 이 시기에 무엇을 하느냐에 달려 있다. 초기에 공사 계획을 세울 때는 발주할 때와 마찬가지로 많은 고민을 해야 한다.

74) 맥킨지의 리차드 포스터 (Richard N. Foster)가 1986년 기술 변화 과정을 설명하며 기술 발전은 태동기-비약기-성숙기를 거치며 전체적으로 S형 모양을 그린다는 것에서 붙인 이름이다. 이것은 건설공사에서 보이는 것과 비슷하여 공정률을 사용한 공정표를 작성할 때도 사용된다.

관리란 측정과 분석이다

아날로그식 운영에 불과했던 기업경영을 '학문'으로 끌어 올리며 경영학 시대를 연 피터 드러커(Peter Ferdinand Drucker)는 관리의 체계화를 주장했다. 관리 체계의 핵심은 관리할 수 있는 것과 그렇지 못한 것을 구분하는 것이다.

그러나 전체의 20퍼센트 정도의 걸림돌이 나머지 80퍼센트의 일을 혼란스럽게 한다. 이를 정리하기 위해 발주자는 공사 외부 여건 조성에 많은 관심을 기울어야 하고 시공사는 공사 계획의 수립에 초점을 맞추어야 한다. 그런데 그의 계획에는 장비 사양 선택에 따른 효율과 작업반의 수, 그리고 작업반의 구성과 같은 자원 투입과 작업 방법에 따른 효율과 같이 다양한 측면으로 고려한 내용이 있어야 한다.

공사 진행 중에 계획과 차이가 발생한다면 차이를 측정하여 계획했던 내용과 비교해야 한다. 이것을 "공정분석"이라고 한다. 분석의 초점은 관리할 수 있었는지 그렇지 않았는지, 그리고 왜 관리가 될 수 없었는가에 대한 설명으로 제한된다. 이것의 목적은 책임을 묻기 위한 것이 아니라 대비와 조치를 위한 것이다.

정확한 진단이 있어야 올바른 치료가 가능하듯이, 정확한 분석이 일정 관리를 가능하게 한다. 관리 가능하였던 것 중에서도 중간에 관리할 수 없었고 전혀 예상치 못한 일이 발생하였다면 예외로 인정해야 한다. 그런

75) 소크라테스의 표면적인 죄목은 신을 인정하지 않고 청년들을 현혹해 타락시켰다는 이유였다. 당시 아테네는 펠로폰네소스 전쟁(BC 431~404)에서 스파르타로 알려진 라케다이몬에 패하고 자존심을 구긴 상태였다. 『소크라테스의 변명』이나 『국가』에서 보듯이 그는 우민정책이나 선동정책을 우려했다는 것을 알 수 있는데, 그것이 그가 아테네의 신념인 민주주의를 반대한다고 보일 수 있는 대목이었다. 그의 비판은 사회적 우울증에 걸린 아테네인들을 크게 분노케 하는 것이었고, 스스로 양심선언을 유도하는 그의 산파법은 그들에게는 자존심을 찌르는 질문이었다. 그들은 벌거벗은 몸으로 '유레카'를 외치는 기쁨 대신 벌거벗음을 깨닫게 해 준 수치감에 마음을 두었을 것이다. 그래서인지 그의 현명함도 배심원들을 설득하지는 못했고 그는 벌금형을 원했으나 그들이 내린 최종 형량은 사형이었다.

76) 1970년대 심리학자 존 플라벨(J.H.Flavell)이 창안한 용어로 뇌가 안다고 착각하는 것을 인지하는 능력, 혹은 자기 자신을 판단하는 능력을 의미한다. 강을 건너야 할 때 내 실력으로 강을 건널 수 있는지 아닌지 가늠하는 것도 메타인지의 한 형태다. "너 자신을 알라", "아는 것을 안다고 하고 모

데 결과적으로 관리할 수 있었다는 것은 그것이 '인적 요인'이라는 의미다. 그래서 분석이 책임을 묻기 위한 자리가 되어서는 안 된다. 왜 애초 계획과 맞지 않느냐란 질문을 하면 공사 담당자는 몸을 사리고 숨기기 시작하거나 연결되지 않는 이유만 나열한다. 따라서 시공사에 '왜?'란 질문을 해서는 안 된다. 좋은 질문이란 문제를 해결하기 위한 답변을 끌어내는 질문이어야 한다. 소크라테스의 산파법은 자신 스스로 답을 찾도록 도와주고 진리로 이끄는 방법이었다. 그러나 스스로 똑똑하다고 생각했던 아테네의 지배자들은 사실 자신이 모르는 것이 너무 많다고 깨닫는 순간, 그를 적으로 간주했다[75].

분석을 위해서는 가장 먼저 작업자들의 작업속도와 구성을 잘 관찰해야 한다. 우리는 양 조절에 실패한 요리사를 '셰프(Chef)'라고 하지 않는다. 아는 만큼 보이는 법이다. 그들의 작업을 보고 일의 양을 판단할 수 있어야 한다. 전문가로서의 역량은 관찰과 "메타인지(Metacognition)"[76]를 통해 발휘된다. '내가 알 수 있는 것인가 그렇지 않은가'를 이해하고 있기에 어떻게 접근할 것인가를 모색하며 그의 질문은 시작된다. 그의 질문은 해결방안을 끌어내는 과정이며, 그

의 질문을 보면 그가 진정한 전문가인지 알 수 있다.

안전과 품질, 공정은 모두 하나의 속성이 있다. 안전관리 시스템은 품질관리 시스템을 따라 하고 있고 공정관리도 안전관리와 다른 바가 없다. 이것은 모두 인간에 의해 관리할 수 있다는 점이다. 안전 분야에서 자주 언급되는 "하인리히 법칙(Heinrich's Law)"은 하인리히가 1931년에 출간한 『산업재해 예방: 과학적 접근, (Industrial Accident Prevention: A Scientific Approach)』이란 책에서 소개한 이론이다. 그는 보험사에서 근무하며 확인한 수많은 산업재해 사례 분석을 통해 사상자 1명이 나오기 전까지 약 29명의 경상자와 사고를 입었을 뻔한(Near Miss) 사람들이 약 300명 있었다는 사실을 통계적으로 밝혀냈다. 사고는 갑자기 발생하는 것이 아니라 그 이전에 반드시 가벼운 사고들이 반복적으로 일어난다는 사실을 증명한 것이다. 이것은 일정 지연 과정과 유사하다. 공정 지연은 어느 순간 한 번에 틀어지는 것이 아니라, 징조를 보이며 조금씩 지연되다가 어느 순간 임계(臨界) 상태를 넘어설 때 드러난다. 관리자는 낙관적인 말을 하지만 현장에서는 변화가 보인다. 현장을 잘 관찰하는 전문가는 Near Miss 들에 주목하고 징조 발생을 감지한다. 그러나 화타[77]와 같은 명의라도 죽은 사람을 살려낼 수는 없기에 일은 발생하기 전에 조치가 취해져야 한다.

르는 것을 모른다고 하는 것이 진실로 아는 것이다(知之爲知之 不知爲不知 是知也)"란 말의 의미와도 통한다. 또한, 아주대 심리학과 김경일 교수는 이를 '나를 보는 나' 또는 '내 안에 있는 나'라고 말한다.

77) 관우의 화살 상처 치료로 유명한 화타에게는 두 명의 형이 있었다. 그의 말에 따르면, 둘째 형은 작은 증상만 보고도 더 큰 병이 되기 전에 환자를 치료하였고 큰 형은 길을 가다 얼굴색만 보고도 그가 병이 있다는 것을 알고 불러 치료하여 그가 사는 마을엔 환자가 없었다고 한다. 그러나 사람들은 그들이 왜 자기들에게 병이 있다고 하는지 몰랐다. 화타는 큰 병이 들어 이미 몸과 마음에 중병이 들어서야 치료를 했는데, 사람들은 그것을 더 고마워하더란 얘기였다. 그 형들의 이름은 역사기록에 없다. 그러나 세상의 평가가 모든 것은 아니지 않은가?

생각하는 대로 살지 않으면 살아가는 대로 생각하게 된다[78]. 공정표는 반드시 그려진 대로 실행되어야 하는 정답지가 아니라, 생각대로 이끌어가기 위한 지침서다. 공사관리자가 공정표를 놓고 이끌지 않으면 공사는 작업자에 의해, 흘러가는 대로 진행된다. 우리는 정답에 익숙해져 있어 공정관리가 맞는지 아닌지에 주목한다. 그러나 공사 일정을 관리하기 위해 억지로 맞추려고 한다면 힘만 드는 게임이다. 여유가 있을 때는 힘든 일에도 땀을 심하게 흘리지도 않고 힘들어하지도 않는다. 우리가 땀을 흘리는 이유는 단순히 온도가 높아서가 아니라 체내에 순환이 필요하기 때문이다. 열심히 하는 것보다 리듬을 타며 진행되어야 한다. 의학계는 우리 몸의 전기적 신경계와 화학적 소화계 그리고 생물학적 림프계의 순환이 원활할 때 건강하다고 말한다.

단순히 지시로 정해졌거나 임의로 설정된 일정은 기준이 될 수 없다. 공사 계획을 할 땐 표면적인 계획보다 그것에 대한 근거와 고려내용이 충분히 필요하다. 그 계획에서 디테일의 한계는, 여행계획을 세울 때처럼 현지에서 계획해야 하는 사항과 미리 계획하고 준비할 수 있는 사항을 구분하는 것이다. 그리고 현장관리자에게 남은 것은, 관리할 수 있는 일을 제대로 관리하는 것이다.

내가 서울 인근에서 맡았던 어느 사업 환경플랜트 건설사업의 발주자는 호주의 투자은행(Investment Bank)이었다. 그들과 그 사업을 만들어온 한국의 시공사는 뜻밖에도 설계와 전문 감리 영역을 영위해온 엔지니어링 회사였다. 시공책임형 건설사업관리의 도입과 엔지니어링 회사들의 종합건설업 진출은 지속적으로 기회의 평등과 변화를 외치던 그들에게 새로운 도약의 기회였다. 그러나 현실 또한 외침만큼 공평한 것이어서 시공사의 역량을 갖추지 못한 상태에서 현장 운영은 원활하게 될 수가 없었다. 우리는 법으로 규정된 검측감리업무를 제외한 발주자의 엔지니어로서 공사가 시작되기 직전, 계획 검증 단계에서 이 사업에 참여했다. 건설사업이란, 현장 규모에 상관없이 진행되는 단계들과 역할별 업무는 동일하다. 그런 상황에서 기존의 중단된 공사를 이어받아 5개월이란 짧은 기간 동안 나는 홀로 현장을 맡아 발주자의 요청사항들을 처리하는 한편, 하도급 업체들의 작업을 리드해야 했다. 설계단계에서 서로 통역을 동원하던 시공사와 발주자는 현장에서는 거의 소통이 불가능했다. 더구나 시공사가 발주자에게 제출해야 할 서류는 좀처럼 준비되지 않았다. 짧은 기간과 시공사의 부족한 역량, 그리고 설계와 계약변경이 불가능한 여건에서 사업의 성공을 비관적으로 생각한 투자자들은 착수 1개월 만에 철수를 고민했다. 그들에게 지연 발생과 공사 완료보증의 불확실은 결코 승인할 수 없는 사항이었다. 그러나 사업 성공에 대한 확신을 바탕으로 한 나의 설득에 그들은 결정을 망설였고 그 후로도 두 번의 사업 무산 위기를 넘기는 대응이 있는 뒤로 그들은 나에 대한 지지와 신뢰를 보였다. 이와 함께 적극적인 하도급 업체들의 협력 덕분에 마침내 우리는 모두 함께 웃으며 기적 같은 준공을 맞이했다.

05
현명한 설계변경 방법은

79) 『여자의 일생(La vie)』으로 유명한 기 드 모파상(Guy de Maupassant)은 앉은 자리에서 단편 소설을 완성하고 장편 소설도 수정 하나 없이 수일 만에 끝내는 천재였다고 한다. 그러나 그는 에펠탑을 보기 싫다는 이유로 파리에서 에펠탑이 보이지 않는 유일한 장소, 에펠탑 2층의 레스토랑에서 항상 점심을 먹는 특이한 행동을 보였을 뿐만 아니라 한편으로 넘치는 정력을 자랑하고자 화려한 여성 편력을 일삼았고 결국 매독에 의한 정신착란으로 고통받다가 사망했다.

건설로 탄생하는 구조물은 어느 하나도 똑같은 것이 없는 하나의 창조물이다. 우리가 이태백이나 모파상[79] 같은 천재가 아니라면 수정 한번 없이 창조되는 작품은 없다고 보아야 한다. 하지만 한편으로 언제나 기억해야 하는 것은 건설에는 많은 비용이 소요된다는 것이다. 그래서 건설은 쉽게 큰 변경이 있으면 안 되고, 특히 구조적인 변경이 발생할 때는 전면적인 검토를 해야 한다. 그렇다고 하여 공사를 중단하고 다시 상세하게 검토할 시간을 주는 것도 아니다. 남이 시키는 대로 하는 일에는 분명히 허점이 넘쳐나게 되어있다. 가끔 인간의 직관은 위대한 힘을 발휘한다. 그래서 때로는 현장에서 시공되는 모습을 보고 바꾼 것이 더 나을 수도 있다. 그러나 시간의 힘 또한 위대하여 여러 전문가가 오랫동안 검토한 설계엔 다른 이유가 있을 수 있다. 설계변경의 세 번 중에 한 번은 바꾸지 않은 것이 더 나을뻔했다는 평이 나오는 이유다. 그리고 시공사는 이익이 나는 일에만 진지하게 매진한다.

설계변경은 계약변경의 주요한 원인이다[80]. 설계변경이 발생하는 이유는 여러 서류로 구성된 설계서(도면, 시방서, 내역서 등)의 내용이 서로 다르거나, 현장 상태가 설계와 다른 경우, 공법을 변경할 경우, 그리고 발주자가 요구하는 경우다. 여기에서 시공사가 공법 변경을 제안하는 경우를 제외하면 대부분 원인은 발주자가 제공하게 된다. 시공사가 공법을 변경하여 공사비가 절약될 경우, 과거에는 대부분 발주자의 이익으로 귀속되었다. 그래서 국가계약법은 절감 비용의 절반만 시공사에 비용을 돌려주던 것을 2003년 12월부터 70퍼센트로 증가시켰다. 그러나 일부 공사에만 해당하는 것을 생각한다는 것과 이 수치는 모호한 의미만 가진다[81].

설계변경이 기술적인 문제라면 합의는 쉽게 도달하지만, 계약변경과 관련이 될 때는 신중해진다. 이 경우 설계변경을 검토할 때는 계약금액에 영향이 큰 항목부터 선정하여 설계 변경의 원칙과 방향성을 상호 확인하는 것부터 시작해야 한다. 그래

80) 국가계약법 제19조에서 계약금액의 조정은 물가 변동, 설계변경, 그 밖의 계약 내용의 변경으로 정의한다. 하는데, 여기에서는 그 밖의 변경이란, 인정되는 실비와 계약 기간, 토사 운반 거리 변경 등이 있다. 그러나 민원이나 사회적 파업과 같은 상황에 따른 방안은 없다.

81) 국가계약법 시행령 제65조에 따르면, 예정 가격의 86% 미만으로 낙찰된 공사가 10% 이상 계약금액이 증액될 경우 예산집행심의회 또는 기술자문위원회의 심의를 거쳐야 한다. 이것은 저가 입찰 뒤 손해를 만회하기 위해 설계 변경하는 것을 방지하기 위한 것이다.

야 큰 그림이 그려지고 작은 것은 상황에 따라 서로 양보할 수 있다. 계약 금액 변경에 해당하는 설계변경은 협상의 상황이다. 윈윈(win-win)이란, 나와 내가 통제 가능한 사람들과의 윈윈이 아니라 나와 경쟁 관계이거나 이율배반적인 상대와의 윈윈을 의미한다. 한 번에 모두가 이익이 되는 것을 찾을 수 없을 때, 서로가 직접 원하는 것을 추구하는 것보다 다른 대안을 통해 양쪽 모두에게 이점을 안겨다 주는 것을 "배트나(BATNA, Best Alternative To a Negotiated Agreement)"라고 한다.

한편으로 공사계약 전이 아니라 공사 중에 절감 노력을 시도하는 것은 그것에 들이는 노력과 비교하면 성과는 기대하기가 어렵다. 특히 비용 절감을 위해 발주자가 변경하는 것은 역효과가 나타날 수 있다. 발주자는 VE라고 생각하겠지만, 시공사로서는 괜스레 계약금액만 삭감되는 것이다. 그리고 시공성 향상과 VE는 다르다. 전자는 시공사에 이익을 주는 것이고 후자는 발주자에게 이익을 주는 것이다. 대표적인 예가 콘크리트 보의 모양 문제인데, 단순화시킬수록 시공사는 작업이 쉽고 인건비가 절약되나 재료비는 추가된다. 계약 전이라면 어느 쪽이든 의미가 있으나 이미 계약이 체결된 경우라면 상황이 다르다.

간디의 명언과 설계변경의 원칙

간디는 암살되기 얼마 전, 마치 유언처럼 손자에게 '7가지 사회악'에 대해 글을 남겼다. 원칙 없는 정치, 노동 없는 부, 양심 없는 쾌락, 품격 없는 지식, 도덕성 없는 상거래, 인간성 없는 과학, 희생 없는 신앙이 그것이다. 이것은 설계변경에서 금기해야 할 항목과 놀랍도록 닮아있다.

먼저, 원칙 없는 변경이 되어서는 안 된다. 설계변경이 논란이 되는 이유는 구조적인 문제와 함께 이것이 금전적인 문제로 연결되기 때문이다. 그래서 반드시 객관적인 관점을 유지하고 근거를 마련하여 향후 누가 보더라도 수긍이 가는 내용이 되어야 한다. 발주자의 요구라고 하더라도 실무자 개인의 요구가 되어서는 안 된다. 그래서 변경을 할 땐 반드시 객관적인 관점을 유지하고 근거를 갖춰야 한다.

그리고, 시공사는 실제로 작업하지 않거나 불필요한 것을 알면서도 증액을 위해 변경하여 시공하고 발주자에게 요청해서는 안 된다. 안전관리비나 환경보전비 같은 비용은 지출을 위해 배정된 것이다. 이 예산은 사용하지 못한 만큼 정산되는데, 이를 이유로 서류를 꾸미거나 불필요하게 구매하고 물품을 전용하는 문제점들도 여기에 포함된다.

많은 서류는 오류를 포함한다. 감리나 건설사업관리자의 역할은 계약적 측면과 이러한 오류들에 대한 검토다. 발주자와 시공사 사이의 협약된 것이라고 하여 검토를 소홀히 하거나 무조건적인 승인이 이루어져서는 안 된다. 그렇다고 일방적인 주장에 의한 삭감이 되어서도 안 된다. 근거가 부족한 주장은 향후 분란만 일으킨다.

다음으로 불필요하게 화려한 치장이나 뒷거래를 위한 변경, 그리고 특정인 편의를 위한 변경이다. 이 모든 것이 반드시 필요한 것이었다면 설계에서부터 반영이 되거나 공사 전에 검토되어 공식적인 서류로 남았을 것이다. 그러나 이런 변경은 대부분 구두지시로 이루어지고, 공사 후에 정리된다.

마지막으로 자기의 원칙만 고수하는 변경이나 협상이다. 대체로 발주자는 우월적 지위에 있다. 스스로는 요청이었다고 하지만 상대에게는 압력이 될 수도 있다. 그 사이에서 시소를 타고 있을 때가 차라리 낫다. 법원에서 다투게 되면 결코 이로울 것이 없는 전략이다.

- 원칙 없는 정치 – 원칙 없는 설계변경
- 노동 없는 부 – 작업하지 않은 것의 반영
- 양심 없는 쾌락 – 특정인을 위한 변경이나 치장
- 품격 없는 지식 – 가치판단 없는 검토 의견, 자동 승인 형식의 검토
- 도덕성 없는 상거래 – 예산에 맞춘 불필요한 지출, 뒷거래를 위한 변경
- 인간성 없는 과학 – 시공성을 무시한 설계, 사용자 편의를 무시한 변경
- 희생 없는 신앙 – 자기의 원칙만 고수하는 변경이나 협상

공공 공사의 계약변경과 민간 공사에서의 적용

원래의 건설 범위를 벗어나지 않는다면, 설계변경으로 인한 계약변경의 원인은 오직 두 가지다. 수량이 증가하거나 단가가 증가하는 것이다.

수량이 증가하는 것은 범위만 명확하면 이후는 계산의 과정이다. 범위가 불명확할 때 분쟁이 발생하는데, 이때의 기준은 당초 의도가 어디까지인 지 서류상으로 표기된 부분을 찾는 것이다.

이에 비해 단가가 변경되는 것은 수량 변경보다 분쟁의 여지가 많다. 공공 공사에서는 단가 변경을 신규 항목의 발생과 규격의 변경으로 인한 것, 그리고 시공사가 책임질 사항이 아닌 이유로 물량이 증 가할 때로 정하고 있다[82]. 여기에는 "낙찰율"이란 개념이 등장한다. 낙찰된 금액을 당초 발주청에서 예정한 금액에 곱했을 때의 비율이다. 낙찰금액이 예정 금액보다 적으므로 '1'보다 작은 값이 나오며, 이를 시공사가 산정한 금액에 적용하게 한다.

82) 기획재정부가 고시하는 "계약예규"에서 그 방침을 명시하고 있다. 공공 공사의 공사일반조건은 계약예규의 일부다. 그리고 물량이 증가한다고 하여 무조건 시공사에게 이익이 되는 것은 아니다. 저가 입찰의 경우엔 더욱 그러하다.

공공 공사의 계약변경

그러나 이것을 민간 공사에서도 그대로 적용하기엔 한계가 있다. 낙찰률에 대한 공신력이 부족하기 때문이다. 또한 낙찰 금액이 당초 예상한 금액보다. 비슷하거나 높은 금액이면 의미가 없다. 공공 공사에서도 낙찰률을 적용한 금액에 상대가 불응하면 처음 산출한 금액과 낙찰률을 적용한 금액의 중간으로 정하게 한다(당초엔 협상으로 정하도록 했지만, 이 역시 기준이 모호하다 하여 1/2지점으로 정했다). 그러나 이것조차 상대가 불응하면 분쟁이 된다.

분쟁이란 것은 소요되는 비용과 시간을 고려할 때, 문제의 해결이라기보다는 대부분 서로가 버티기 위한 소모전의 양상을 보인다. 가장 현명한 결론은 역시 서로의 입장을 이해하고 타협과 BATNA를 추구하는 것이다. 실제 투입한 비용은 감안되어야 하고, 그 비용이 타당한가에 대한 판단이 필요하다. 비용에 대해 검토할 중점은 "정말 그 비용이 필요한가"와 실제 투입되는 것인가다. 내 돈처럼 소중하게 쓰인다는 것은 '공사가 끝난 뒤'에도 사람들이 그 필요성에 수긍할 수 있다는 것이다. 이것을 "객관적"이라고 부른다. 어떤 일에도 항상 아쉬움은 남지만, 다시 그 시점에서 같은 선택을 했을 것으로 생각되면 그나마 가장 최선의 선택은 했다고 할 수 있다. 그리고 발주자의 부족함은 감리나 건설사업관리자가 보완할 수 있어야 한다.

이 흐름은 해외 공사에서도 동일하다. 해외 공사는 민간 공사의 일종이다. 계약의 양당사자 간에는 어느 쪽도 인정하는 공공 기관이 없는 상황이기 때문이다. 그래서 준거법, 계약 언어와 분쟁 해결 지역의 설정을 포함한 세세한 협의가 필요하다.

통계청의 발표에 따르면 2012년 이후 한국의 소비자물가지수 상승은 2.2%를 넘지 않았다. 다만 근로시간의 제한을 포함한 인건비의 상승은 예측보다 빠른 속도에 우리를 당혹하게 한다. 공사 현장에서 가장 인력이 많이 동원되는 거푸집이나 철근 설치 작업은 2000년대 초반과 2020년을 바라보는 현재를 비교하면 2~3배가량 상승했다. 이를 감쇄하기 위해 현장은 점점 더 장비와 기계화에 의한 작업을 늘려갈 것이다. 이를 반영하듯이 이제는 집도 3D프린터로 출력하는 기술이 등장했다[83]. 하지만 1839년 베크렐(Antoine Henri Becquerel)이 태양광 전지를 최초로 만든 이후에도 오늘날 우리는 여전히 많은 전력을 원자력과 석탄 발전에 의지하고 있다. 전자책과 전자신문이 종이책과 종이 신문을 완전히 대체하지 못하고 있듯이 신기술이 반드시 우리의 모든 방식을 바꿀 것이란 기대는 신중해야 한다.

83) 영상 매체에서 이와 관련된 내용을 얼마든지 찾을 수 있다. 다음 영상을 참고하라.
https://www.youtube.com/watch?v=qLnwlrOsYm8;
https://www.youtube.com/watch?v=TSON8xx4bSs

현장 숫자를 다룰 때 생각해야 할 것은, 기성(既成)은 누계량으로 산출해야 하고 설계변경은 증감으로 확인되어야 한다는 점이다. 건설과 같이 하나의 제품이 오랜 기간에 걸쳐 제작될 때 기성이란 방식이 적용된다. 자동차 한 대는 완성품을 사는 것이지만 시설물은 건설 중에 '조금씩' 사는 것이다. 그러나 설계변경은 변화와 차이에 대한 분석이다. 그래서 서류를 작성할 때도 이것을 생각하며 작성해야 한다. 그리고 엔지니어는 숫자를 이야기로 만들 줄 알아야 한다. 숫자에서 이 작업이 어떻게 얼마만큼 이루어졌고 왜 변경이 되었는지 이해할 수 있어야 한다. 그래서 그 숫자에 의미를 담고, "숫자 너머의 의미를 봐야 한다. 계산만 할 줄 아는 똑똑이가 되어서는 안 된다[84]".

영화 『히든 피겨스(Hidden Figures)』에서 우주 개발 사업을 책임지고 있던 해리스가 NASA 직원들에게 던진 명대사다. 그가 원한 건 세계 최고의 두뇌가 아니라 해결방안을 내놓을 수 있는 인재였다.

건설사업관리자가 원가를 검토하는 것은 발주자의 결정을 돕기 위한 것이고, 시공자가 검토하는 것은 발주자에게 비용을 받기 위한 것이다. 내가 개략 금액을 구할 수 있어야 검토와 협상이 가능하다. 나의 방안이 없으면 복잡한 서류를 놓고 고민만 하게 되며 협상이 아니라 주장으로 변질된다. 이런 상황에서 공사가 완료되고 난 뒤의 설계변경은 금전적 협상에 불과하다. 금액을 정해 놓은 설계변경은 엔지니어가 개입할 여지가 없다. 답을 정해 놓고 거기에 맞는 서류를 만들어 오라는 요청은 한국의 엔지니어들에게 수없이 강요해온 요구다. 정해진 결론에 검토하는 것만큼 의욕을 떨어뜨리는 것은 없다. 학점은 정해져 있는데 시험을 치르는 학생에게서 열정을 끌어내기란 불가능하지 않은가?

설계변경은 공사하기 전에는 비용 절감에 필사적이나 공사한 뒤엔 변명에 필사적으로 된다. 물건을 주고 난 뒤에 흥정은 의미 없는 행위다. 공사가 완료한 뒤의 협상은 조삼모사(朝三暮四)가 되고 아랫돌을 빼내어 윗돌에 끼우는 형국이다. 설계변경에 실패하면 발주자와 시공자 모두 손해만 남는다. 사실에 근거하지 않고 정치적 논리나 개인의 보고 스킬에 의존하면 조직의 장을 바보로 만든다. 그렇게 마치고 나면 남는 것은 지연에 대한 손실과 쓴웃음뿐이다. 문제가 발생하였을 때는 모든 관계자와 소통을 하여야 한다. 품격을 생각해서 작업자를 멀리하거나 당사자를 제쳐두고 듣고 싶은 사람의 설명만 들으면 스스로는 망연자실하고 진실은 감춰질 것이다.

① 항목별 작업 범위

항목별 공사의 일정 관리는 항목별 공사 중 가장 많은 금액이나 가장 기간을 오래 차지하는 작업의 수량을 대표로 선정하여 관리해야 한다. 대표 항목 선정을 제대로 선정하는 것이 공사를 제대로 이해하는 첫걸음이다. 작업은 공사의 단위 일(Work)을 뜻한다. 예를 들어 '콘크리트 작업'은 타설만을 말하지만, 콘크리트 공사라고 하면 철근 배근과 거푸집 설치, 콘크리트 타설, 양생(Curing)작업까지를 말한다. 항목별 단가의 범위도 이처럼 단위를 이루는 세부공사(단위공사)로 나뉘는데, 단위 공사는 단가산출서, 작업 단가는 일위대가와 관계된다.

② 보할

건설 공정표에서는 전체 공사에 대한 공정별 가중치(Weight Value)에 대한 분할값을 의미하며, 공종의 획일화에 유용(有用)한 금전적 가치(공사비)를 요율로 하여 S-곡선 공정표를 그릴 때 사용한다. '보간법(補間法)'에서 명칭을 가져온 것으로 보이는데 그 기원이 명확하지는 않다. EVM(Earned Value Management)과 연관을 위해 공정을 금액으로 분배하는 것이 간편할 때도 있으나, 공사 관리에 수량이나 기간으로 보할하는 것이 더 효율적일 때도 있다. 작업 진행이 금전적 가치와 다를 수 있기 때문이다. 예를 들어 도장 작업은 금액이 얼마 되지 않지만 제대로 하려면 시간 소요가 상대적으로 많은 편이다. 해상 공사에서 일정 관리는 사석 투하 작업에 의해 관리되는 것이 나은데, 작업 단가는 사석 투하보다 피복석 고르기 작업이 5~10배 정도 차이가 난다.

③ 물량의 소수 표시

물량내역서에 기재된 수량을 작성할 때 소수점의 범위는 표준품셈에서 기준을 제시한다(표준품셈 제1장 "적용기준" 참조). 적산 회사들은 이를 잘 알고 있지만, 공무의 도제식 교육이 이루지는 현실 속에서 경험이 부족한 현장의 공무들은 곧잘 소수점에 대한 원칙을 이해하지 못한다. 아래의 예를 보자. 단가는 재료비와 시공비를 포함한다.

콘크리트　　0.86 m3, 단가 150,000원, 금액 129,000원 ⇒ 0원
철근　　　　0.356 Ton, 단가 1,200,000원, 금액 427,200원 (OK)
무수축 몰탈　0.91 m3, 단가 960,000원, 금액 873,600원 (OK)

콘크리트 수량은 소수점 이하의 수량은 모두 '버림'으로 계산한다. 철근은 kg 단위로 산출하므로 TON으로 산정될 때는 소수점 이하 3자리까지 계산하고, 몰탈은 소수점 이하 2자리까지 계산한다. 할증이나 범위 관계는 수량이나 규격에 포함되지 않으면 '단가에 포함' 된다. 그래서 시방이나 항목별 범위 설정을 명확하 하는 것이 중요하다.

이제, 발주를 시작하자

01

준비가 필요하다

건설에도 콘티가 있다. 그것을 설계라고 한다. 데밍의 관리이론에서 설계는 Plan이다. 향후 시공(Do)이 이루어지면서 설계와의 차이(Check)를 확인하고, 설계변경이 이루어지거나 공사 중 바뀐 부분이 있으면 최종적으로 이를 반영하여 시공된 그대로 설계를 수정하여 작성(Action)하는 것이 건설의 흐름이다. 우리가 자기의 생각을 나타내는 방법에서, 이를 다른 사람들에게 말이나 글, 또는 그림으로 보완하게 된다. 이렇게 건설 계획을 글로 쓴 것을 '시방서'라고 하고 그림으로 그린 것을 '도면', 그리고 이것을 가치로 산출한 것을 '내역'이라고 부른다. 이 모든 과정이 설계다.

번역이나 제품을 만들 때 초벌과 재벌이 있듯이, 설계에도 개념설계

(Concept Design)를 한 뒤에 기본설계(Basic Design)를 하여 모양을 완성한다. 이것이 끝나면 세부적으로 설계하는 실시설계(Detailed Design)로 완료한다. 건축설계업무에서는 이를 계획설계, 중간설계, 그리고 실시설계[85]라고 부르지만, 형태와 용도의 차이에서 발생하는 호칭일 뿐이며 근본적 의미는 같다. 개념설계에서는 이 시설의 목적과 전체적인 윤곽을 형성한다. 이 시설물에 필요한 구성은 무엇인가인 공간 구성과 외형과 규모를 결정한다. 여기에서 시설물의 정체성이 표현된다. 기본설계에서는 구조 계산이 이루어지고 철근 배근, 힘을 받는 내력벽의 위치, 설비 시스템 확정, 내외부 주요 마감과 같은 시설 구성과 형태가 완료된다. 이것으로 인허가를 받을 수준은 완성된다. 그리고 실시설계에서는 철근 배근의 이음은 어디에 둘 것인가, 내부 칸막이는 어떻게 할 것인가와 같은 세부적인 사항이 결정되면 발주가 이루어진다.

85) 건축법 제11조(건축허가)에서는 '기본설계'를 첨부하여 승인을 받게 되어있고, 제23조(건축물의 설계)에서는 정부 고시에서 '설계도서 작성기준'을 정하게 되어있다. 그런데 국토교통부 고시 "건축물의 설계도서 작성기준"과 "공공발주사업에 대한 건축사의 업무 범위와 대가 기준" 등에서는 계획설계-중간설계-실시설계로 구분하고, 중간설계는 기본설계도서를 포함하게 하면서 명칭에 차이가 발생하였다. 각 단계에서 필요한 설계도서의 종류와 수준에 대한 상세한 내용은 이 고시의 [별표 2]에 가이드라인이 제시되어 있다.

각 단계에서는 비용이 검토되어야 하는데, 기본설계와 실시설계에서 차이는 보통 20퍼센트 내외이며, 최대 50퍼센트까지 발생하기도 한다. 이음이나 공간 분할과 같은 세부적인 것을 포함하여 조명을 포함한 인테리어 같은 옵션의 문제다. 실무에서는 일반 건물의 인테리어 비용을 대체로 3.3 제곱미터당 대략 150만원에서 300만원 정도(미터 단위로는 아직 좀처럼 표현하지 않는다. 그리고 창고형 매장이나 일부 커피숍과 같이 극단적으로 인테리어 비용을 낮춘 경우도 있다.)로 얘기하고, 고급화에 따라 그 몇 배를 호가한다. 기본설계에서 반영된 것에서 실시설계에서 선택하는 인테리어의 차이가 더 저렴해지는 일은 거의 없다. 자동차의 경우에 최대 옵션을 장착한 차량이 기본형에서 1.5배 정도 차이가 나는 것과 같다.

- 개념설계(계획설계) – 외형과 공간계획 등 계획 정립(계획용)
- 기본설계(중간설계) – 구조 안정성, 시설 기능(인허가용)
- 실시설계 – 사용자 편의와 시공 고려한 세부 완성(발주용)

설계서의 구성과 설계검토

계약에 적용 우선순위가 있듯이 설계도서에도 해석의 우선순위가 있는데, 국토교통부 고시 "건축물의 설계도서 작성기준"에서는 다음과 같이 규정하고 있다.

공사시방서 ➡ 설계도면 ➡ 전문시방서 ➡ 표준시방서 ➡ 산출내역서 ➡ 승인된 상세시공도면 ➡ 관계법령의 유권해석 ➡ 감리자 지시사항

이것은 우리가 건설을 계획할 때의 순서다. 여기서 공사시방서는 내가 하는 사업에 특정된 특별 시방서(Special specification)다. 표준 시방서에서

우리 공사에 해당하는 부분만 골라내거나, 없는 것을 추가하는 것이다. 그러나 때로는 표준시방서를 그대로 복사해 놓기도 하는데, 이것은 아마도 결과물을 검토하지 않을 것이란 기대로 만들었을 것이다. 전문시방서와 표준시방서는 학회와 정부기관에서 인정한 내용들이 출판되거나 공표되어 있어 이를 따른다. 이것은 내역서와 더불어 중요한 비용 차이를 만든다. 산출내역서는 발주한 과정에서 입찰자가 금액을 기입한 것이다. 그런데, 설계도서의 범위가 꽤 넓다. 감리자의 지시사항까지 포함한다. 기술자로서의 감리자 위치를 인정하는 모습이다. 그런 만큼, 감리자는 적극적으로 기술 지도로 나아가야 한다.

설계자는 설계과정에서 고려했던 사항들은 시공자와 발주자에게 반영이 되도록 명확히 기록하여야 한다. 설계 진행 과정과 공사 중에 설계변경이 발주자의 의도에 의해 쉽게 바뀌는 이유 중 하나가 현재 설계된 것에 어떤 검토과정과 고려사항들이 반영되었는지 쉽게 설명하지 못하기 때문이다. 작은 공사는 대부분 설계보고서가 없고, 다른 공사는 그 내용이 상세하지 못하다. 예를 들어 국가 보안상 중요 시설 중 하나인 천연가스 저장 탱크의 경우, 지붕이 적의 스커드 미사일 공격에 직격이 아니면 파괴되지 않는다는 검토 내용이 반영되어 있다. 설계보고서에는 이렇게 구체적인 고려사항에 관한 검토 내용과 이야기가 필요하다. 그 많은 고민들과 노력들이 무의미와 함께 떠내려가도록 내버려 두어서는 안 된다.

설계는 창의성이 바탕이고 시공은 실용성이 바탕이다. 건설은 과학과 예술이 아니라 엔지니어의 세계다. 그래서 설계는 시공성 측면에서 다시 검토되어야 한다. 아파트의 숨겨진 공간을 찾기 전까지는 아무도 그런 공간의 중요성을 깨닫지 못했다. 이것은 건축 설계자의 노력이다. 그러나 현실화될 수 있는 것인지도 중요하고 그것을 위한 비용도 중요하다. 중간에 공간을 비우는 이중 슬라브는 층간 소음을 차단하겠지만, 재료비를 감안하더라도 차라리 더 튼튼하게 시공하는 것이 더 저렴할 것이다. 지금은 공간효율성과 허용 두께를 지나치게 고려한 탓으로 너무 이상적으로 시공되어 있다.

설계에서는 유지관리 비용까지 고려한 생애주기비용(LCC, Life Cycle Cost)을 고려해야 한다. 건축물의 전체 수명의 관점에서 보면 비용은 대부분 유지관리에서 발생한다. 기존의 형광등에서 LED로 바꾸는 것과 단열재를 충분히 써야 하는 이유가 그러하다. 아울러 전체 수량을 비교할 때 개략적인 수량을 이해해야 한다. 일반 철근 콘크리트 구조물에서는 콘크리트 1입방미터에 약 100킬로그램의 철근이 포함된다. 콘크리트는 건물의 부피에 상응하므로 개략적인 부피를 산출할 수 있고, 시설물의 특성에 따라 대략 이 숫자의 20퍼센트 내외의 범위에서 철근량은 정해진다. 내역서 작성에서 자주 실수하는 것이 콘크리트 양이나 철근 누락이다.

인허가에 대한 자세

입찰이나 발주 이전에 완료되어야 하는 것이 인허가 문제다. 사업계획은 대부분 이 단계에서 지연되거나 좌절되기도 하고, 완전히 다르게 태어나기도 한다. 롯데월드타워는 공군과의 문제였고, 거가대교가 교량보다 비용이 큰 해저로 통과하는 침매터널과 한국 최초의 3주탑 사장교로 계획된 것은 해군과의 인허가 문제가 있었기 때문이다. 유명한 스페인의 건축가 안토니 가우디(Antoni Gaudi)가 설계하고 1882년 착공 이래 현재도 공사 중인 사그라다 파밀리아 성당은, 무허가 건물이다. 성당은 얼마 전 관광수익 일부를 환원하기로 하고 관공서와 협의하여 철거에서 유예되었다. 관광명소가 되었다고 해서 인허가를 무시할 수 없다.

건축설계는 도시계획의 일부이고 도시계획은 국토계획의 일부다. 도시정책의 결과 산업혁명으로 인한 도시 문제가 발생할 무렵, 에버니저 하워드(Ebenezer Howard)가 1902년 주거와 산업, 그리고 농지의 면적을 균형 있게 분배한 계획 자립 도시 '전원 시티 운동(Garden City Movement)'을 주장한 것이 세계에 영향을 주면서 현재 그린벨트 규제의 이론적 바탕이 되었다. 이것은 과거에 도시의 구성과 외형이 초점이었다면 현재는 기능과 환경에 관한 규제에 초점이 있다.

'빈자(貧者)의 미학'을 추구하는 건축가 승효상은 City와 Urban을 구별한다. 그는 둘 다 도시를 뜻하지만, City는 Civil, Civilization 등과 함께

Civatus 라는 라틴어에서 나온 것으로, 다소 소프트웨어적인 측면을 얘기하는 것에 비해 Urban은 하드웨어적인 면을 의미한다고 설명한다. 그래서 Urban 디자인은 문화와 정서적인 것보다는 인프라와 건축물로 구성되는 도시 설계라고 말한다. 그는 또한 "건축물의 사용권은 당신의 것이지만 소유권은 공공의 것입니다"란 말로 건축물의 공공성을 강조한다. 로마 시대의 권력자는 자기의 비용으로 공공 건축물을 지어 대중에 헌납하는 것을 미덕으로 여겼고, 인프라 구조물은 민간자본으로 건설된다고 하더라도 궁극적인 소유권은 국가에 귀속된다. 건축물 또한 이러한 관점에서 자유로울 수 없다. 국민대학교의 이경훈 교수는『못된 건축』에서 서울역을 포함한 도시에 어울리지 않는 건축물들을 소개하면서 역시 건축물의 공공성을 얘기한다.

가끔 법이나 지침에서 명시된 내용과 인허가 담당자의 해석 내용이 다를 수 있다. 그것이 우리가 모르는 측면도 있으나 그가 틀릴 때도 잘못을 인정할 것이란 기대는 할 수 없다. 그는 그 업무에 대해서 신청자보다 오랜 시간을 보냈기 때문이다. 그래서 법에서 합리적으로 규제하는 것을 제외하면, 인허가에도 래포가 필요하다. 신뢰를 바탕으로 풀어가야 한다. 그러나 금전적으로 이루어진 것은 '결탁'이라고 부른다. 때로는 직선이 가장 짧은 길이가 아닐 수도 있다[86]. 어려운 인허가일수록 발주자의 마인드에 따라 결과가 달라

86) 기하학을 입체 면에서 논하는 비유클리드 기하학에서는 내각의 합이 180° 보다 큰 삼각형이 존재한다. 아인슈타인의 상대성 이론은 이를 활용한 비유클리드 기하학의 하나인 리만 수학(Riemann hypothesis)을 통해 세상에 나왔다. 우리가 사용하는 GPS 기술에는 상대성 이론이 적용된다. 상대성 이론이 없었다면 지금의 스마트폰은 많이 달랐을 것이다. 우리가 모르고 있었지만, 많은 창조적인 사람들은 다양한 분야의 기술과 이론을 서로 접목시켜 우리의 세계를 바꿔가고 있다. 문제를 해결하는 사람들은 그런 이론들을 받아들인다. 우리는 평면적 사고가 아닌 입체적인 사고를 할 때 더 넓은 시각적 지평을 가질 수 있다.

진다.

좋은 요리를 하려면 재료를 잘 골라야 하고, 훌륭한 요리사의 실력은 재료 구매에서부터 시작된다. 이제, 멋진 요리를 시작하자.

02

발주에 고민해야 일이 원활하다

발주 업무는 발주자(Employer 또는 Owner)뿐만 아니라 그로부터 도급받는 도급자(수급인, Contractor)도 진행한다. 법에서는 분명히 발주자와 수급인을 분리하고 있지만, 현실적으로는 도급자가 발주자보다 훨씬 많은 발주 업무를 한다. 2021년부터 단계적으로 종합건설업 제도가 폐지된다고 하지만, 여러 이유로 종합건설업자에게 도급으로 발주하는 것은 유지될 것이다. 이때, 발주자는 수급인에게 한 번의 발주로 끝나지만, 수급인은 그 사업을 수많은 하수급인과 자재공급자에게 다시 발주한다. 더구나 하수급인들과의 인터페이스와 책임소재를 명확하게 규명해야 한다. 전기공사나 정보통신공사의 분리발주 역시 현실적으로는 종합건설업체에 의한 분리발주가 더 공공연히 시행되고 있다.

발주 업무는 입찰안내서 준비에서부터 낙찰자를 결정하기까지의 과정을 말하는데, 이 모든 과정은 계약의 일부로 포함된다. 발주의 목적은 능력 있는 상대와 저렴하고 합리적인 금액(Reasonable Price)으로 계약하기 위한 것이다. 그래서 경쟁을 통해 계약상대자를 골라야 할 때 발주자는 입찰흥행을 고려한다. 입찰서가 복수가 되지 않으면 경쟁이 무의미하고 소수 경쟁에서는 담합의 가능성이 있기 때문이다. 이를 위해서는 불확실성을 줄여야 하지만 미래를 구체화하는 것은 상당한 전문적인 지식이 필요하다. 다양한 상황에 대한 처리 방안을 준비해야 하기 때문이다. 이것이 발주단계의 건설관리에서 핵심이다. 모호하게 가려는 것은 나중에 이면 합의나 임의변경을 생각하기 때문이다.

어쨌든 계약이 체결되면 발주한 입장에서는 예산관리를 위해 금액 변동이 생기지 않는 것은 중요하다. 이를 목적으로 하는 것이 총액 계약(Lump Sum)이다. 분명 양 당사자는 손익과 관계없이 공사비를 변경하지 않겠다고 했지만, 예외 없는 법칙은 없고 시작할 때와 끝날 때의 마음은 다른 법이다. 금액이 커질 때는 시공사가 문제겠지만, 줄어들 때는 발주자가 조바심을 낸다. 그리고 이때도 해당 법률에 따라 정산되어야 하는 간접공사비가 있다. 이런 이유로 대형 공사일수록 총액 계약에서 품질과 정산에서 문제가 커진다.

이상적으로, 입찰자들은 입찰 과정에서 이루어진 모든 내용이 반영되어 있다는 것을 전제로 한다. 공공 공사에서는 단위공사 항목에 대한 업무의 정의와 범위를 일일이 규정하고 있지만[87], 이것을 벗어나는 경우는 점점 더 많아진다. 그리고 현실적으로는 입찰자들이 모든 사항을 반영하기엔 인력과 시간이란 물리적인 한계를 갖고 있고 최종적으로는 낙찰을 위한 전략적 고려가 결정한다는 사실이다. 이로 인해 발생하는 잘못된 결과는 과도한 저가 입찰이다. 이렇게만 끝난다면 입찰자의 실수가 발주자의 웃음으로 남는 순간이다. 그러나 혼자만 손해 볼 장사꾼은 없다. 그래서 최저가 낙찰 제도는 품질 저하를 유발하고, 내가 잘 아는 분야라면 그럴 리 없겠지만, 앞에서 남고 뒤에서 밑지는 형국을 만든다. 더 나아가, 한 건은 우연히 더 저렴하게 할 수 있다고 해도 '지속적으로 그렇게 할 수 있느냐'의 문제다. 한 번만 발주를 한다는 것은 마치 관광지에서 물건을 사는 것과 같다. 우수한 도급자라고 하는 것은 그들의 직원들이 뛰어난 것도 있지만 그들은 지속적인 발주를 통해 꾸준히 우수한 하도급자를 관리하기 때문이다. 링컨이 "한 사람은 속일 수 있다. 그러나 여러 사람을 오랫동안 속일 수는 없다"고 한 말은 그런 의미다.

싸다면 그만한 이유가 있어야 한다. 저렴한 인건비가 이유라면 사람이 전부인 건설업의 속성상 건설과정과 결과가 제대로 될 리가 없다. 우리가 기대하는 것은, 시설과 장비가 있고 경험 있는 숙련자가 있기 때문에 저렴하다는 것이다. 마침 주위에 공사하고 있는 장비가 있거나 비슷한 공사 경험이 많아 작업 효율이 높은 노련한 작업자들이 많다거나 하는 이유가 있어야 한다. 과거 포드사의 컨베이어에 의한 분업 생산 방식은 획기적으로 생산 원가를 절감하여 자동차의 대중화 시대를 열었다. 보잉사의 점보 여객기 출현 역시 항공 여행 비용을 획기적으로 줄이도록 하였다. 그러나 직원들의 급여를 깎아 저렴하다고 하는 것은 기만이다. 더구나 무언가는 빼놓고 계산한 결과라면 더 큰 문제다. 우리가 추구하는 것은 낭비를 없애자는 것이지 싸구려 물건을 만들자는 것이 아니다. 우연히 얻은 이익은 어떻게든 내 손에서 빠져나가기 마련이다.

단가 계약은 계획과 범위는 없이 소요(所要)만 있는 상태에서 규격과 단가만 결정하여 계약하는 형태인데, 물품의 공급 계약이나 단순한 형태의 공사, 용역에서 많이 사용된다. 철근이나 시멘트 공급 계약, 지방자치단체에서 발주하는 도로 블록 포장 교체 공사와 같은 것이 있으며, 변호사나 전문가들의 시간 단위 청구 형태(Time Charge)도 단가 계약의 한 종류다. 결정된 정해진 물량이 없기에 물량이 적으면 고정비의 부담이 커지는 반면, 물량이 늘어나면 고정비가 낮아지는 구조를 갖고 있다. 따라서 일정 한도의 물량이 넘어서면 단가가 낮아지고 반대면 높아지는 구조적 유연성이 필요하다. 이런 의도에서 단가 계약이 체결된 대상에서도 확실한 계획과 범위가 설정되면 따로 계약을 체결하는 것도 병용된다.

발주자에게 남은 또 하나의 고민은, 설계를 한 회사를 감리자로서 공사에 참여할 수 있게 하는가의 문제다. 이것은 규정이나 국가의 문제를 넘어, 발주자마다 다르게 정하고 있다. 둘을 같이 할 때는 일관성과 설계 개념에 대한 명확성을 유지할 수 있지만, 설계에 오류가 있어도 감리는 스스로 수정이나 잘못을 인정하지 못할 것이다. 이러한 이율배반적인 문제는 항상 그를 고민스럽게 하지만, 아직 인류가 찾아내지 못한 많은 정답 중에 묻혀있다.

발주 업무는 단순히 법적인 업무 구분에 따라 나누는 것이 아니라 실질적으로 업체마다 업무 범위를 어디까지 할 것이며, 공사 과정에서 발생하는 설계변경이나 정산 과정, 그리고 문제가 생기면 어떻게 처리할 것인지까지 모두 고려하는 것이다. 잘 작성된 계약이란, 여러 상황에서 해결할 수 있는 가이드라인을 미리 제공해 둔 것이다. 가이드라인이나 미리 합의된 사항이 없는 경우에는 공사에 문제가 생기고 분쟁은 늘어가며, 함께 현장의 문제를 풀어가야 할 시간에 서로 분쟁의 불씨를 관리하기에만 바빠진다. 결국엔 공사가 완료되고도 정산에서 어려움을 겪는다. "생각하고 행동할 것인가 행동하고 생각할 것인가?" 임기응변에 능하고 잃을 것이 없는 조직이라면 어느 쪽이든 상관없다. 가지 않은 길이 더 나았다고 할 수만은 없지만[88], 표준계약만으로 가는 길은 개미들의 '묻지마 투자'다. 금융에서 PB(Private Banker)가 필요한 것처럼, 건설에서 CM을 필요로 하는 이유다.

88) 로버트 프로스트(Rober Lee Frost)는 『가지 않은 길』에서 그가 사람들이 적게 간 길을 택했고 그것이 자기를 바꿔 놓았다고 말하고 있다.

① 입찰안내서의 구성

해외에서는 ITB(Invitation to Bid) 또는 RFP(Request for Proposal)라고 한다. 이것은 입찰조건(일반조건과 특수조건), 현장설명서, 계약서(초안), 그리고 설계도서로 구분된다.

일반조건은 비슷한 형태의 발주를 많이 할 때 공통으로 적용하는 것을 모은 것이고, 특수조건은 개별 사업에서 차이가 있는 부분에 대해서 추가한 것이다. 특수조건은 새로 작성하는 것보다 일반조건에 나와 있는 항목을 표기하고 이를 '이 사업에서는 이렇게 적용한다'라고 수정하거나, 해당 없는 사항은 삭제하고 추가할 것은 추가하는 것도 가능하다. 처음부터 하나로 작성해도 되지만, 이처럼 일반조건과 특수조건으로 나누면 편리하게 이용할 수 있다. 하지만 일반조건만 있는 것은 발주에 대한 고민이 부족한 것이다.

입찰특수조건이 한국에서는 가끔 "특기 시방서"로 이해되기도 하는데, 해외에서는 용역계약의 "위임사항(TOR, Terms of Reference)"이나 시설물에 대한 요구사항을 작성하는 "발주자 요구사항(Owner's Requirement)"으로 표현된다. 여기에는 요구사항들에 대한 목적이나 초점(Goal/Focus), 구체적인 형태나 확인할 수 있는 정보(Facts/Information), 이에 대한 개념(Concept), 그리고 구체적 요구 수준(Needs)에 관한 내용을 담게 된다. 특기 시방서와 별도로 특수조건을 작성하기도 하고, "견적조건"이라고 하여 추가로 작성하기도 한다. 형식과 내용의 차이에도 불구하고 진실로 중요한 것은, 내가 발주하는 사업의 내용과 범위, 그리고 향후 발생할 수 있는 문제들에 대한 기준을 미리 정해놓는 것이다.

② 입찰의 종류와 절차

경쟁에 참여할 자격 선정에 따라 일반 경쟁입찰과 제한 경쟁입찰, 그리고 지명경쟁입찰이 있다. 하도급사를 미리 선정하여 입찰하도록 하는 것은 '부대입찰'이라고 한다.

기본적인 자격이 되는 전체를 Long List라고 하고 일반 경쟁에서 사용되며, 주로 최저가 낙찰(LCS, Least Cost Selection)로 선정된다. 대상자를 간추린 것을 Short List라고 하고 제한이나 지명경쟁 입찰에 사용하며, 적격성을 함께 보는 적격 심사(QCBS, Quality-Cost Based Selection)로 선정한다. 제한하는 내용에 따라 정부에서 공시하는 시공능력평가를 기준으로 하기도 하고, 지역이나 실적을 기준으로 하기도 한다.

현장설명회(Presentation 또는 Pre-Bid meeting)에서는 현장 견학(Site visit)이 이루어지고, 입찰과 견적 조건에 대한 내용 확인을 위한 질의회신(Clarification)과 입찰(Bidding) 후 우선협상대상자(Preferred bidder)을 선정하여 협의(Negotiation)를 통해 낙찰자(Successful bidder)를 선정한다. 하지만 이후에도 계약조건의 변경이나 계약서 작성을 위한 별도 협의가 이루어질 수 있다.

03

적정한 공사비란 무엇인가

　　전문가가 골동품이나 미술품의 평가를 하지만, 정작 경매에서는 그가 평가한 가격에 거래되는 경우는 거의 없다. 감정가의 다섯 배, 열 배가 되어 낙찰될 때에는 뉴스거리가 되거나 호사가들의 입담에 오르내릴 뿐이다. 법정에서 인정하는 부동산의 가치와 공시지가, 그리고 실거래가가 일치하거나 비슷한 경우는 거의 없다. 그럼에도 불구하고 사회는 전문가의 가치 평가는 기준을 선정하는 의미 있는 일이라고 인정한다. 물건의 가치(價値, Value)란, 사람마다 다를 뿐만 아니라 시간이나 장소에 따라서도 달라진다.

　경제학에서 가치 평가에는 그것이 창출할 수익성으로 따져보거나, 시장가를 통하거나, 원가를 바탕으로 생각하는 방법을 적용한다. 시장가는 경매나 실제 거래를 기준으로 하므로 일반인이 가장 쉽게 이해할 수 있으나 수익성이나 원가를 바탕으로 할 때는 전문적인 가치 평가 작업이 이루어진다. 그러나 확실한 것은, 세 가지 방법을 사용했을 때 '서로 비슷한 가치 결과로 나오는 경우는 거의 없다' 라는 사실이다. 그리고 시장가나 원가를 바탕으로 하더라도 세부적으로 들어가면 다시 위 세 가지 방법 중에 선택하게 된다. 설계사가 작성하는 설계나 시공사의 입찰가격이나 모두 시장가와 원가 근거가 혼용되어 있다.

시공사가 입찰하여 낙찰되면 '도급금액' 이 되는데 이것은 발주자의 원가인 동시에 시공사의 가치가 된다. 실질적으로 발주자가 인식하는 공사비는 바로 이 단계다.

민간 발주가 중심인 해외에서는 QS(Quantity Survey)[89]라는 방식으로 정착되어 있다. 실적공사비 방식과 비슷한 이것은, 이를 전문으로 공부하고 실무에 종사한 전문가들이 산출하는 방식이다. 각 공사의 특성을 고려하여 산출한다고 하지만 동일 공사에 대해서도 각각의 QS 전문가들이 산출할 때마다 많은 금액 차이가 나타나는 것은 우리와 비슷한 현실이다.

89) 영국을 중심으로 발달한 공사비 산정 방식이다. 참고로, 런던 인근 레딩시의 Reading University ('Reading' 이라고 쓰고 '레딩' 이라고 읽는다)가 가장 유명하다. 그 외에 Salford University(맨체스터), Ulster University(북아일랜드) 등이 유명하며, 보통 2년이지만, 1년으로 하는 QS 과정도 있다.

시공사는 낙찰이 되면 내부적으로 다시 이 공사를 수행하기 위한 금액을 작성하는데, 정상적으로 입찰하여 낙찰된 공사라면 당연히 도급금액보다 낮은 금액이며 이를 기준으로 현장은 본사에 의해 관리된다. 그리고 실제로 공사를 수행한 금액(시행)은 또한 이보다 낮은 금액이 될 것이다.

즉, 도급금액은 발주자와 도급사 사이의 계약금액이고, 실행할 금액은 해당 현장과 본사 사이에서 맺어지는 일종의 내부적인 계약금액이며, 시행금액은 도급사와 하도급사 사이에서 맺어진 하도급 계약금액이다.

공 종	규 격	단 위	수 량	도급		실행		시행	
				단가	금액	단가	금액	단가	금액

도급사의 현장 공사비 관리의 [예]

그러나 하도급 비용으로 집행되는 시행금액을 진정한 공사비라고 하는 것은, 도자기의 가치를 평가하면서 그것에 쓰인 흙과 땔감, 유약 정도와 가마와 도공의 인건비와 같은 비용만 고려하여 듣는 이를 현혹하는 궤변이다. 똑같은 그런 재료와 준비들이 되더라도 도공의 숙련도와 열정이 없이는 우리가 원하는 그러한 도자기는 얻을 수 없기 때문이다. 기술은 '나 믿지?' 란 말로 자신감을 내비치는 아마추어적인 태도만으로는 해결할 수 없다. 그래서 발주자가 도급사의 하도급사들을 직접 고용하더라도 같은 결과를 얻기란 어려운데, 그것은 앞서 얘기한 EPCM이 성공할 수 없었던 이유나 도급사의 하도급사 관리 프로세스를 적용하기 어려운 이유 때문이다.

적정한 가치란, 소비자가 원하는 것을 얻는 금전적 효용이다. 다이아몬드가 무게로만 가치가 나간다면 결코 원석의 반 이상을 깎아 내는 멍청한 짓은 하지 않을 것이다. 이렇게 발생한 효용이란 보람이나 쓸모인데, 그런 측면에서 소비자가 지급이 가능하고 제품에 만족할 수 있는 금액이 적정 가치라고 하는 설명은 매우 설득력 있다.

하지만 자기의 비용으로 자기의 집을 짓는 경우가 아닌 한, 건설비용은 공유재(公有財, the commons)다. 발주자는 사장이나 대표 혼자가 아니라 여러 사람으로 구성된 조직체다. 건설사업에서 우리가 가장 경계해야 하는 일은 지나치게 높은 비용을 치르거나, 사업 초기에 싸게 시작했다가 사업이 끝난 뒤 더 큰 비용을 치르는 경우다. 전자의 경우는 발주자 조직 모두가 공공연한 가운데 이루어지는 것에 비해, 후자의 경우에는 보고하는 사람에 따라서 상당히 다르게 포장되기도 한다. 이런 상황에서 공유재의 비극[90]은 '공동 책임은 무책임'의 양상으로 나타나기도 하고, 비용의 유용성 보다 개인의 안위가 더 우선되는 희생양이 되더 우선되기도 한다. 여기에 '감사(監査, Audit)'의 과정이 있지만, 열 사람이 한 명 도둑을 막기 어려운 법이고 안과 밖을 모두 지키기란 더욱 어렵다. 감사한 사람을 탓할 수는 없다. 하지만 시험을 위해 공부하는 사람과 목표의식으로 공부하는 사람의 자세가 다르듯이, 감사를 외부의 감시로 받아들이는 조직과 이를 감사(感謝)하게 받는 조직의 업무과정은 다를 수밖에 없다. 감사란, 이를 통해 내가 하는 일이 '정도(正道)'로 가고 있는가를 점검하는 과정이다. 우리가 진실로 추구하는 것은, 장막 뒤에서 혼자만 웃는 것이 아닌 모두를 행복하게 만드는 것이어야 하지 않을까?

90) 15세기 말, 영국에서는 일부 중산층인 젠트리(Gentry)들이 공유지에 울타리를 치며 사유화하는 현상이 일어났다. 이를 인클로저 운동(Enclosure movement)이라고 하는데, 방목지와 경작지가 줄어들자 영세농들은 도시로 내몰려 저임금 노동자가 되었다. 공유자원 경제에 관한 전문가로 2009년 노벨 경제학상을 수상한 엘리너 오스트롬은 『공유의 비극을 넘어』에서 개인의 이익을 위해 희생되는 공유재의 운명에 대해 말한다.

① 설계가와 적산 방식

한국의 발주에서는 국가가 정한 특정한 기준으로 설계자가 설계가를 산정한 뒤에 발주자 내부 고위 책임자들이 전략적으로 조정한다. 이를 "예정가격"이라고 한다.

설계사가 공사비를 산출할 때는 표준품셈을 바탕으로 작성된 단가산출서와 일위대가를 바탕으로 한다. 표준품셈과 관련하여 정부는 "표준시장단가 및 표준품셈 관리규정"에서 한국건설기술연구원을 관리기관으로 지정하고 국가와 지방자치단체를 통해 자료를 수집하고 있다. 표준품셈은 자재비, 노무비, 경비와 관련하여 약 1400여 개의 항목으로 나뉘어 있는데 매년 정부가 고시한 가격에 따라 산출하고, 표준품셈으로만 산출할 수 없는 공종은 견적가를 적용한다. 이것은 모든 공사에 획일적으로 적용할 때 나타나는 문제점을 고스란히 안고 있음에도 불구하고, 공공기관을 중심으로 한 한국의 오랜 발주 문화로 인해 설계사들의 방식은 이것으로 획일화되어 버렸다. 이것을 "적산(積算)"이라고 하는데, 이제는 하나의 산업으로 굳어져 전국에는 이를 전문으로 하는 회사들이 산재해 있다. 이 방식은 정부 주도의 경제 성장을 이룩해 온 일본과 한국 정도에만 존재한다.

문제는 이 방식이 '직영' 수행을 전제로 하고 있다는 것이다. 그러나 일본은 이미 제네콘(Genecon, General Construction)으로, 한국은 이를 모방한 종합건설업으로 건설구조가 바뀌면서 원가구조는 '하도급' 계약을 바탕으로 하고 있다. 여기에서 두 방식은 모순이 발생한다. 한편, 예산을 초과하면 유찰이 되므로 공사 규모가 클수록 적산으로 산출되는 공사비는 결코 실제 공사비보다 적지 않게 산출되도록 한다. 이를 극복하고자 정부는 2004년 실적공사비 방식(현재는 '표준시장단가'로 명칭을 변경하였다)을 도입하였다. 그러나 이것은 반대로 지나치게 낮은 단가를 적용하여 많은 반발을 사고 있다. 적산이나 실적공사비나 모두 태생적으로 시장가로 출발한다. 그러나 셋은 마치 한 손의 손가락처럼 높낮이가 다르다.

② 입찰 검토

원가 전문가나 건설사업관리자들이 검토하는 것은 입찰가들의 내용분석이다. 입찰가가 발주자가 의도한 대로 정확한 반영인가를 확인하는 과정이며, 한편으로는 계약 전에 상호 이해 사항을 명확하게 하여 향후 변경의 기준을 정립하기 위한 '앵커리지(Anchorage) 효과'를 구축한다. 이를 통해 발주자는 문제를 인식하여 미리 대비하거나 낙찰자를 변경하는 조치를 할 수 있다. 그래서 검토보고서가 단순히 "적절함"이나 "타당함"으로 끝나는 것은 무의미하다. 입찰자와 입찰금액의 검토과정과 결과에 대한 상세한 내용과, 향후 계약금액 변동이 있으면 어떤 영향이 있을 것인지에 대한 통찰력 있는 의견이 있어야 한다.

04

프로젝트 파이낸싱과 투자사업

1997년의 국가 부도는 우리 경제에 큰 충격을 주었다. 그러나 불과 일 년 전, 일부 금융인들은 OECD 가입을 반대하며 환율 개방에 따른 위험을 예감했었다[91]. 우려가 현실이 되자 한국의 주요 부동산들은 외국 자본에 헐값으로 팔려나갔다. 코리아 세일은 2009년 서울역 앞 대우빌딩이 모건스탠리에 의해 서울스퀘어로 리모델링 되면서 정점을 찍었다. 한국은 이제 다시 일어났고, 부동산 투자가 일상화된 세계에서 한국 자본은 날개를 펼치고 있다.

과거에는 지어 놓은 건물을 임대하거나 판매하였다. 그러나 금융과 신용의 발달은 건설업도 바꾸어 놓았다. 한국의 근대 금융이 현물이나 부동산을 담보로 금전을 빌려주는 전통적인 담

[91] 한국 IMF의 전초전이라는 태국 바트화의 몰락보다 1992년 조지 소로스(George Soros)에 의한 영국 파운드화의 몰락을 지켜본 금융인들은 외환 보유와 환율변동의 의미를 어렴풋이 이해하고 있었다. 그러나 정부는 선진국으로 인정받겠다는 목표 하나로 OECD 가입을 추진하였고, 그 결과는 일부 투자자들에게만 함박웃음을 안겨주었다. 조지 소로스가 이때 다시 상당한 이익을 거두었음은 물론이다.

보대출(Mortgage)에서 모델하우스를 통한 아파트 선분양이나 개발사업에 투자하는 프로젝트 파이낸싱(PF, Project Financing)으로 발을 들이게 된 것이다. PF의 가장 큰 특징은 현존하는 담보물이 아니라 시설이 완성된 이후에 발생하는 미래의 수익을 담보로 하는 것이다. 따라서 PF는 오직 상업적 목적으로만 이루어지고, 시설이 완공되지 않으면 그 사업은 어떤 이유든 실패일 뿐이다.

한국 금융은 맨해튼 중심부의 뉴욕 팰리스 호텔과 연방준비제도이사회(FRB)가 입주한 오피스 빌딩을 인수하였고, 리츠 펀드의 활성화는 일반인들도 하와이의 특급호텔을 소유하게 하였다. 그러나 여기에 만족하지 않고 장기적이고 지속적인 수입을 목적으로 하는 연금과 보험, 그리고 자산운용과 증권의 넘치는 여유자금은 워싱턴 DC의 유니언 스테이션과 발전소와 같은 인프라 시설을 통해 경기의 부침을 덜 타는 안정적인 수익을 향하고 있다.

건축물과 달리 인프라 시설은 원칙적으로 국가가 건설하고 소유한다. 항만이나 공항, 도로, 교량, 터널, 철도, 전력, 댐, 자원저장시설과 같은 것이 민간이나 외국인의 편의대로 운영한다면 비상시는 물론이요 국민의 생활에도 영향을 미치기 때문이다. 하지만 정부가 이를 모두 충당하기엔 부족하다. 외국의 차관도 어떻게든 정부가 부담하는 내용이다. 결국, 정부에게는 민간 기업에 투자를 요청하는 것만 남게 되었다. 과거엔 정부가 주도하는 '사회간접자본(SOC, Social Overhead Capital)' 사업에 민간이 참여하는 형식이었지만, 이제는 투자 수익을 목적으로 한 민간 주도가 커짐에 따라 '정부-민간 협력(PPP, Public-Private Partnership)'이라고 부른다. 여기에서 더 나아가면 소유권이 언제 정부에게 귀속되느냐에 따라서 BTL, BTO, BOT, BOOT와 같이 구분한다. 특히 'BTL'은 건설(Build) 후, 정부에게 시설을 이전(Transfer)하고 임차료(Lease)를 받는 방식인데, 이렇게 운영(Operation)이 필요 없는 방식은 투자자에게 운영의 고민을 없애고 안정적인 수입을 기대할 수 있게 하였다. 이에 따라 PPP 사업의 범위는 학교, 보육, 요양 시설, 하수처리시설과 같이 다양한 방면으로 넓혀졌지만, 정부의 부담이 커지는 만큼 이 방식은 대형 사업의 적용에는 한계가 있다.

PF를 추진하는 과정은 사업을 수행하기 위해 별도의 회사를 만들어 회계를 분리하면서 가시화된다. 이를 특수목적법인(SPC, Special Purpose Company)이라고 한다. 자본을 들인다는 것은 초기의 위험 부담을 안는 것이다. 그러므로 가장 먼저 비용을 내게 되는 이는 반드시 이 사업을 하려고 하는 사람이다. 그를 전략적 투자자(SI, Strategic Investor)라고 하는데, 그는 보통 공사 수행이나 운영을 목적으로 한다. 이에 비해 순수한 투자 목적을 가진 이들을 재무적 투자자(FI, Financial Investors)라고 한다. 사업이 인프라 시설이라면 국가가 참여하게 된다. 이제 이 SPC는 일반회사와 비슷한 모습을 갖추게 되었다. 투자금에 대한 계좌는 FI가 관리하고 감리와 공사계약은 모두 SPC를 통해 진행한다.

SPC의 재원 구조

PF사업에서 건설사업관리자와 시공사의 역할

시공사가 PF사업에 참여한다는 것은 투자자들에게 완공에 대한 믿음을 심어준다. 그러나 한편으로 사업이 완료되기까지 SI와 FI 간에는 지속적인 긴장이 유지된다. 사업 참여를 결정하기 전에 사업 타당성 분석(Feasibility Study)을 통해 재무적인 측면과 기술적인 측면으로 검토하지만, SI의 답은 이미 정해져 있다. 공사비가 클수록 SI의 혜택은 커지지만, 같은 결과의 사업에서 투자금이 커진다는 것이 결코 사업 추진에 도움이 될 리가 없다. 공사 중 SI와 FI의 정보의 비대칭 역시 '대리인 문제'를 발생시킨다. SI는 공사가 진행되면서 조금씩 원래의 목적을 달성해 가지만, FI는 기성과 공정률, 그리고 공정관리에 확신할 수 없는 이유다.

이를 보완하기 위해 감리와는 별도로 필요한 것이 FI를 위한 기술자문(LTA, Lender's Technical Advisor)이다. 이것은 CM(Construction Manager)의 한 역할이다. 그는 사업계획이 기술적으로 타당한지, 시공사의 공사내용과 기성 지급 내용이 정당한지, 그리고 공사 진행이 정상적인지와 예정대로 완료될 수 있는가를 검토한다.

　내가 본 최악의 경우는 한국의 시공사와 자금이 투자된 미얀마의 환경 플랜트 사업이었다. 처음부터 성공 여부가 불확실하게 보이는 조건이었다. 정부가 민간기업과 함께 음식물과 생활쓰레기, 그리고 폐목재와 같은 폐기물을 수거하여 조달한다는 내용이 그렇고, 기술적으로 검증되지 않은 폐기물 복합 처리가 가능한 시설을 도입하여, 퇴비와 고형연료(SRF, Solid Refuse Fuel), 그리고 전력까지 생산한다는 점이 그러했다. 이러한 유형의 사업 성공 비결은 시설을 포함한 기술적 신뢰성은 물론, 자원 공급원의 안정과 생산물의 수요 확보가 필수적이다. 그러나 이처럼 복합적인 처리 능력과 다양한 생산능력을 가진 시설도 낯설었거니와 시공사의 시공능력도 의심스러웠다. 결과적으로 완공은 지연되었고, 곳곳의 부실공사와 시설 문제로 공장은 제대로 가동되지 않았으며, 양질의 폐기물을 수거하여 조달하고 생산품의 구매까지 약속한 정부의 보증조차 이행되지 않았다. 거기에는 LTA가 없었다.

　금융권에서 국내 사업조차 타당성 조사와 LTA 역할에서 많은 부분 해외의 엔지니어들에게 의존하는 것은 한국의 엔지니어들이 PF 사업에 대한 이해가 부족하고 보고서의 내용이 충실하지 못했기 때문이며, 시공사와 얽힌 설계사의 관계를 우려해서이다. 그러나 CM만을 전문으로 하는 한국의 LTA는 금융권과 협정이 지체되던 부산 신항만 컨테이너 터미널 사업에서 설계와 시공기술의 검증, 항만 배치 문제(수평식, 수직식), 하역 시스템의 효율성, 그리고 평택항 안벽 붕괴 사고와 같은 유사 사고 발생 우려에 대한 다양한 기술적 문제검토와 함께 공사 일정과 비용에 대한 이해를 명확히 규명하여 원활한 추진을 도왔다. 뿐만 아니라 아시아 수출의 교두보인 미국 Long Beach 항에 한국 최초로 곡물 수출 시설에 투자하려던 한국의 기업을 현지 엔지니어들의 농간에서 벗어나게 하였다. 이 기업의 발주 업무를 위임받아 수행하던 현지의 엔지니어링 컨설턴트는 자국의 시공사 입장에서 유리하게 검토하여 비용과 사업운영에서 발주자인 한국의 기업에 불리한 내용으로 진행하고 있었다.

또 하나 우리가 생각할 것은 건설사들의 PF 참여에 대한 목적과 방향이다. 참여자들 대부분의 본업은 운영이 아니기에 이들은 출구전략(Exit strategy)을 고려한다는 점을 기억해야 한다. 출구전략이란, 각자의 목적을 달성하고 나면 투자금을 회수하고 원래의 사업 영역으로 돌아가는 것을 말한다. 그러므로 이 사업은 공사뿐만 아니라 운영도 성공적이어야 한다. LCC의 중요성이 더욱 커지는 부분이다. 그들은 수주 가능성을 높이고 기존의 입찰 경쟁 부담을 낮추며 선진국의 시장에도 진출할 수 있는 길로 활용하고 있다.

그 결과 한국의 건설은 영국에 진출하여 머시 교량(Mersey Gateway)을 완공하였고 최근에는 다르다넬스 해협의 차나칼레[92]에서 3조 원이 넘는 대형 사업을 성사시켰다.

92) 다르다넬스(Dardanelles) 해협은 에게해(Aegean Sea)에서 흑해로 들어가는 첫 관문이다. 여기를 지나면 이스탄불이 있는 보스포러스(Bosphorus) 해협이 나온다. 그리스 신화에서 이아손(Jason)은 헤라클레스 등 50인의 용사를 이끌고 황금양털을 찾아 이 해협을 지나 현재의 조지아(Georgia)로 갔다.

그러나 시공사가 건설 참여를 목적으로 하는 것이 반드시 이로운 것은 아니다. 시공자로서의 입장과 발주자로서의 입장이 상충하기 때문이다. 투자 비중이 크지 않은 상태에서는 투자와 시공에서 두 마리의 토끼를 잡는 것이 아니라 둘 중 하나일 수 있다. 따라서 시공사의 PF 참여는 건설이 목적이 아니라 투자자로서 공동운명체임을 확약하고 기술능력을 바탕으로 사업 성공에 협력하는 의미가 되어야 한다.

한국의 한 시공사는 호주의 광산개발 사업에서 "Pre-bidding shopping[93]"을 통한 피해를 보았다. 다른 한국의 시공사가 이 사업에 이미 투자자로 참여하며 시공을 제안했지만, 호주의 핸콕이나 일본의 마루베니 등으로 이루어진 발주자 그룹은 한국의 다른 시공사를 불렀고, 그들은 성공했다. 영연방(The Commonwealth) 일원인 호주는 영미법의 성격을 바탕으로 하고 노동법이 특히 강하다. 낙찰된 이 시공사는 낯선 법규와 관행, 그리고 저가 입찰의 피해를 고스란히 부담했다. 한국의 기업들은 또한 중동에서 아람코(Aramco)와 같은 기업에 이런 방식으로 여러 번 당했다. 한국의 해외 건설이 실패로 이어진 이유 중 하나다. 해외에서의 손실은 국내에서의 수익을 그들에게 안겨주는 것을 의미한다. 그들의 자금으로 그들의 시설을 지은 것이 아니라 국내의 아파트 분양에서 얻은 이익으로 그들의 시설을 지어주는 것이다.

국내외에서는 여전히 아파트와 재개발, 상업용 빌딩과 인프라 시설에

93) 사전에 견적을 받거나 입찰자 중 가장 저렴한 자의 입찰가를 놓고, 다른 이에게 그 금액 이하로 들어올 의향이 있는지 협상하는 것을 말한다. 도덕적이라고 할 수 없는 방식이다.

서 PF가 활발하게 진행되고 있다. IMF는 한국 기업들의 체질과 성향을 바꾸어 놓았고 결과적으로 투자와 자금을 중심으로 흐르도록 물꼬를 터 놓았다. 신축투자 사업과 리모델링 사업은 기술을 동반한다[94]. 이때 금융

94) 투자사업에서 신축이나 개발형 사업은 "그린필드(Green field)", 리모델링 등 재개발이나 합자를 포함하여 기존 사업을 인수하는 방식은 "브라운필드(Brown field)"라고 구분한다.

을 이해하는 건설 기술이 필요하다. 신용 사회로의 변모한 오늘날, 한국의 건설기업들이 앞으로 헤쳐나갈 길은 PF와 PPP를 통한 발전일 것이다. MDB도 과거 공적 원조의 원칙을 떠나 PPP 사업을 지원하고 있다. 이제 건설사의 사업관리는 하드웨어 건설보다 금융과 사업관리를 중점으로 하는 소프트웨어 건설로 성공하는 발전상을 가져야 한다.

05

계약은 사업의 시작과 끝이다

모든 경제활동은 계약과 무관할 수 없고 계약은 법률과 무관할 수 없다. 건설도 산업 분야의 하나이고 경제활동의 하나이므로 계약은 필수적으로 따르는 행위다. 계약이란, 모든 것이 문서화되는 것이 아니라 우리가 거리에서 붕어빵을 사거나 마트에서 물건을 사는 것도 구두 계약의 한 형태이고 영수증도 계약의 성립을 표시한다. 계약은 양자 간의 '합의'에 대한 표시를 목적으로 하는 것이지 '상대에 대한 구속'을 목적으로 하는 것이 아니기 때문이다. 그런 의미에서 볼 때 우리가 "갑", "을"이란 표현으로 우선순위를 정하는 것이나 베니스의 상인 샤일록이 작성한 계약의 목적은 계약의 취지와는 조금 벗어나 있다.

모든 일을 올바로 이해하려고 할 때 그 기원과 구조를 알면 도움이 된다. "로마에 가면 로마법을 따르라"란 말에서 계약이란 것이 어디에서 시작되었는지 힌트를 얻을 수 있다.

로마가 지중해 패권을 장악하자 외국의 사람들이 로마와 교역을 하거나 그들을 배우기 위해 몰려들었다. 로마는 일개 국가에서 제국으로 변모하며 시민과 외국인을 위해 안전하게 교역을 할 수 있도록 법을 정비하여 "12표법"을 만들었다. 법 없이도 살 수 있는 사람들은 무법자(無法者, Desperado)들이다. 순박하고 착한 사람들은 오히려 법의 보호가 필요하다. 그렇게, 시민권이 있으면 모두가 합리적인 거래를 할 수 있도록 법이 보호하기 위해 출발한 로마의 성문법은 로마법전이 되었다. 로마 붕괴 이후 신성로마제국이란 칭호를 이어받은 독일은 로마법을 계승하였고, 프랑스에서는 나폴레옹에 의해 사유 재산법과 같은 민법이 더욱 체계화되며 대륙법은 발전했다. 1868년 메이지 유신을 통해 적극적으로 서양 문화를 받아들이기 시작한 일본은 교통 분야는 영국을 따랐지만, 법률은 독일을 모사했다.

우리나라 제도의 많은 부분은 일제 강점기 시대에 일본에서 공부한 사람들이 참여하면서 정립(定立)되었다. 국가 정비의 기초가 되었던 법률과 건설과 육군이 특히 그러했다.

우리나라의 법은 법과 시행령, 그리고 시행규칙으로 이루어진다. 법은 국회의원들이 만들고 그 세부사항에 대해서는 대통령령인 시행령에서 구체화한다. 이보다 더욱 세부적인 것은 각 부처에서 시행규칙을 정한다. 이렇게 법(국회)과 시행령(대통령령), 그리고 시행규칙(국무총리, 장관)을 법령이라고 하고 법령은 편, 장, 절, 관, 조, 항, 호, 목으로 구성된다(보통 조, 항, 호 단위에서 언급된다). 시행령과 시행규칙에는 사항에 따라 각종 양식과 표들이 첨부되어 이해와 사용을 돕는다. 그러나 법령에 이어 행정규칙(지침, 규정 등), 자치법규(조례, 규칙 등), 판례와 해석과 같은 것도 있다. 이 모든 것이 건설산업에 영향을 미친다.

건설계약은 건설과 관련된 법률과 상거래에 관한 법률에 모두 포함되고 있다[95]. 건설에 관한 법률은 해당 공사의 이름을 부여하고 있지만, 상거래에 관한 법률들은 건설산업만을 위한 것이 아니기에 어떤 것이 해당하는지 막연할 때가 있다. 그러나 아는 만큼 보이는 법이고 두려움은 현실로 다가오면 햇빛 속에 사라질 것이다. 다음의 벤다이어그램은 건설계약의 구조와 성격을 보여준다.

[95] 법령이 길어 통상적으로 줄여 쓴다. 상하수도법은 '수도법'과 '하수도법', 시설/지하안전법은 각각 '시설물의 안전 및 유지관리에 관한 특별법'과 '지하안전관리에 관한 특별법'을 말한다. 공정거래법은 '독점규제 및 공정거래에 관한 법률', 하도급법은 '하도급거래 공정화에 관한 법률'을, 국가계약법은 '국가를 당사자로 하는 계약에 관한 법률', 지방계약법은 '지방자치단체를 당사자로 하는 계약에 관한 법률'을 말한다.

건설산업기본법
건설진흥법
건축법 / 주택법
상하수도법
시설 / 지하안전법
전기 / 정보통신공사법
....

건설
계약

공정거래법
상법 / 보험법
국가 / 지방계약법
제조물 책임법
하도급법
Intercoms 2000
....

건설계약에 관한 법률

우선, 건설비용의 출처에 따라 계약의 상대가 국가인지, 지방자치단체인지 혹은 민간인지가 결정된다. 비용이 중앙정부에서 나오거나 지원을 받는다면 국가계약법, 지방자치단체이면 지방계약법에 따라 집행된다. 지방계약법은 국가계약법을 근간으로 하고 있다. 국가계약법은 상당히 훌륭하여 건설의 발주에서부터 집행과 준공처리까지 매우 구체적인 지침을 정하고 있다. 무엇보다 법의 지위와 성격상 건설사업 진행의 기준이 되기에 적합하다. 그래서 민간공사에서도 이 법의 내용을 참고하면 도움이 될 것이다.

앞의 그림처럼 계약을 체결하는 양 당사자의 '생각의 벤다이어그램'을 그린다면 서로 겹치는 부분 보다 겹치지 않는 부분이 더 많을 것이다. 계약은 상호의 차이를 인정하고 사전에 기준을 정하는 작업이다. 따라서 계약을 충실하게 해야만 건설과정에서 발생하는 문제를 기준을 가지고 대처할 수 있으나, 이것을 표현하기도 쉽지 않고 전문 투자자들이 아닌 한 전문 법률이나 회계자문을 받기도 쉽지 않다. 그래서 정부에서는 건설산업기본법에 따라 정부가 민간 건설공사에서 사용하도록 표준도급계약서를 고시하고 있다.

일반적인 건설계약서는 계약 본문(Body), 계약 조건(Terms and Conditions), 설계서와 내역서, 그리고 각종 첨부물로 이루어져 있다. 법률에서 "특별법 우선의 법칙"이 있는 것처럼, 특수조건(Particular/Special condition)은 일반조건(General condition)보다 우선 적용된다.

계약서는 민법상의 일반적인 원칙인 계약자유의 원칙, 신의성실의 원칙, 사정변경의 원칙, 권리남용 금지의 원칙과 같은 이념이 반영된다. 그러나 설계변경과 계약 해약 또는 해지에 관해서 얘기할 땐 어떤 이념을 따르고 있는지 의문이 든다. 국가계약법에는 나름대로 설계변경에 관해서는 노력하였으나 여전히 모호하며, 계약 해제와 해지에 관해서는 여러 가지 다른 법률들을 찾아야 할 필요가 있다. 예를 들어 반입된 자재의 소유권, 외부에서 제작 중인 장비, 민중 소요나 외부의 사태로 인한 중단에 관한 사항 같은 것들이다.

해외 사업에서는 발주자와 시공자의 국적이 다르므로 한 국가의 법률이 그대로 적용되는 경우보다는 당사자 국가들을 제외한 제3국의 법률 적용이 일반적인데[96], 많은 경우 영국법(English Law)을 적용하는 것을 볼 수 있다. 이것의 특징은 상위 법률보다는 양 당사자들의 계약 의지를 더 존중하고 판례에 따른다는 것이다. 한편으로 작성자 불이익의 원칙(Contra Proferentem)을 적용하여 계약서 초안을 작성한 사람에게 불리하게 해석한다. 그러나 영미법 체계는 여전히 한국인들에게 낯설고 판례 조사에는 많은 시간과 비용이 든다. 그리고 가끔 방안에 가득 찬 계약서를 볼 수 있다. 하지만 법률적인 내용은 몇 권에 불과하고 대부분 시방서와 사양서 중심의 기술적인 내용이다. 기술 내용은 명확하고 기술자들은 쉽게 그 차

96) 계약서에 적용되는 이를 준거법(Governing law 또는 Applicable law)이라고 한다. 해외 계약에서는 준거법뿐만 아니라 분쟁을 해결하는 장소와 방법, 사용 언어(계약언어와 분쟁 시에 사용할 언어)까지 세세하게 정한다.

민간건설공사 표준도급계약서

1. 공 사 명 :

2. 공사장소 :

3. 착공년월일 :   년   월   일

4. 준공예정년월일 :   년   월   일

5. 계약금액 : 일금   원정 (부가가치세 포함)

  (노무비[1] : 일금   원정, 부가가치세 일금   원정)

   1) 건설산업기본법 제88조제2항, 동시행령 제84제1항 규정에 의하여 산출한 노임

6. 계약보증금 : 일금   원정

7. 선   금 : 일금   원정(계약 체결 후 00일 이내 지급)

8. 기성부분금 : ( )월에 1회

9. 지급자재의 품목 및 수량

10. 하자담보책임(복합공종인 경우 공종별로 구분 기재)

공종	공종별계약금액	하자보수보증금률(%) 및 금액		하자담보책임기간
		( ) %	원정	
		( ) %	원정	
		( ) %	원정	

11. 지체상금율 :

12. 대가지급 지연 이자율 :

13. 기타사항 :

    "도급인"과 "수급인"은 합의에 따라 붙임의 계약문서에 의하여 계약을 체결하고, 신의에 따라 성실히 계약상의 의무를 이행할 것을 확약하며, 이 계약의 증거로서 계약문서를 2통 작성하여 각 1통씩 보관한다.

붙임서류 : 1. 민간건설공사 도급계약 일반조건 1부
            2. 공사계약특수조건 1부
            3. 설계서 및 산출내역서 1부

                                    년   월   일

도   급   인   수   급   인

  주소   주소

  성명   (인)   성명   (인)

2018년 민간건설공사 표준도급계약서 (본문)

이를 인정하는 반면, 법률 내용은 모호하고 해석에 따라 차이가 달라진다. 그래서 건설에 법률가들의 활동이 필요하다.

하나의 표준계약서로 총액입찰을 포함한 모든 형태의 계약서를 문제없이 다룰 수 있다고 믿는 것은 순진한 생각이다. 발주자든 시공사든 건설의 시작과 끝은 계약이다. 계약적인 문제에 부닥치면 어떤 기술적인 노력도 허사가 된다. 건설사업은 혼자 하는 게임이 아니라 다른 회사와 함께 하는 것이므로 서로의 기대와 요구조건이 분명해야 한다. 계약서가 서로에 대한 구속이 아니라 투명한 소통의 방식으로 이해될 때 계약서의 내용은 충실해지고 현장의 소통은 원활해질 것이다.

본문에서 소개한 국토교통부 고시 표준계약서의 내용은 가장 일반적이고 공통적인 부분을 담고 있어 이것을 이해하면 계약의 80퍼센트는 이해할 수 있으므로 주요 내용을 소개한다.

① 공사명

본문에 나오는 공사명은 양 당사자 간 오가는 문서에 기록되어야 할 공식 명칭이다. 공사명이 편의에 따라 변경되어 사용되기도 하는데, 문서에서 공사의 이름을 정확하게 부르는 것은 정체성을 부여하고 공식적인 형태를 갖추는 첫걸음이다.

② 공사장소

공사장소는 주요한 공사가 이루어지는 곳으로, 국가 체계의 주소로 명칭 하기도 하고 구체적인 지명이나 위치를 표기함으로써 나타내기도 한다. 그러나 계약의 범위는 자재 보관소나 가공장, 현장 외부의 임시 조립시설 등을 포함하기도 한다.

③ 착공일자와 준공

인허가를 기준으로 할 수도 있으나 실제 착공한 일자를 기준으로 할 수도 있다. 준공일자 명기가 특히 중요한데, 이것은 아래의 "지체상금률"을 책정하는 기준이 되기 때문이다.

④ 계약금액

노무비가 따로 명기되는 이유는 근로자의 권익보호와 안전관리를 위한 설정이다. 건설산업기본법에서는 이 금액은 압류할 수 없다고 그 취지를 밝히고 있다. 원가계산서나 산출내역서의 직접노무비와 간접노무비를 합쳐 "노무비"라고 한다. 노무비가 별도 표기하지 않는 경우에는 통상적인 비율인 전체 공사비의 30~35% 내에서 적용하기도 한다.

⑤ 이행보증(Performance Bond)

계약 보증금은 이행보증을 의미하며 지금은 현금보다는 보증서로 대체하는 것이 일반적이다. 이것은 '위약벌'의 성격을 지니고 있어 시공사에 의해 공사가 타절되면 공정률과 관계없이 전액을 보증회사에 청구할 수 있다. 보증률은 양 당사자 간의 합의에 따라 10%~100% 사이에 정해지는데, 공사 규모와 입찰자에 따라 비율을 정한다.

⑥ 선금(Pay in Advance)

선금은 선급금과 선수금을 포함하는 용어다. 초기에 부담해야 할 투입(Mobilization)비용 부담을 덜어주기 위한 것이 목적이지만, 재무제표에서

'채무'로 표기되므로 건전한 재무제표를 관리하고자 하는 자는 이를 거부하기도 한다. 선금 회수는 초기에 수차례에 나누어 갚도록 하거나 매회 기성 때 지급비율만큼 공제한다. 그런데 선금은 유보금과 같이 원가 흐름이 아니라 '자금 흐름'이다. 금융에서 현금 흐름과 실제 원가 발생의 차이를 놓고 현금주의와 발생주의로 나누는 것처럼 이것은 원가관리의 대상이 아니다.

⑦ 기성 (Payment)

기성은 '중간기성(Interim Payment)'을 의미한다. 이것은 잠정적인 기성인데, 지급 방법은 Milestone(기간에 상관없이 발주자가 목표로 하는 특정한 기점) 방식에 의하거나 금융투자자의 Financing이나 발주자의 지급 여건에 따라 분기별로 지급하기도 한다. 가장 일반적인 경우가 매월 지급인데, 기성 지급 일정이 길어질수록 상대는 금리비용이 올라간다. 표준도급계약서에는 명기되어 있지 않지만, 향후 준공 시에 발생할 수 있는 문제를 예방하기 위해 최종기성(준공 기성) 지급 방법이 계약서에 별도로 명기되는 것이 바람직하다.

⑧ 하자담보(Guarantee)

하자담보책임은 건설산업기본법의 시행령 제30조에서 공사 종류에 따라 하자담보 기간을 정하고 있다. 법령에서는 양 당사자 간의 합의에 따라 기간을 조정할 경우 그 이유와 추가 기간으로 인해 발생하는 보증 수수료를 계약서에 명시하도록 하였다. 이것은 가능한 법 규정을 따르라는 의미다. 이 내용이 없다면 양 당사자가 합의하여 계약서가 작성되었다고 하더라도 법에서는 법정 기간 이상의 하자 보증 기간은 인정되지 않는다.

해외 계약에서는 동일한 원인이나 위치에 대한 하자는 그 시점에서 다시 하자보증 기간 설정을 요구할 때가 있다. 이 경우 하자보증 갱신 한도 (Cap) 설정을 고려해야 할 것이다.

⑨ 지체상금(Liquidated damages for delay)

지체상금률은 준공일자에 공사가 완료되지 않으면 가산되는 것인데 그 비율은 공사비에 따라 차이를 보인다. 흔히 볼 수 있는 비율이 일일 0.01~0.3% 정도인데, 1000억 원 상당의 공사라면 하루에 1천만 원~3억 원이라는 비용을 발주자에게 보상해야 한다. 그래서 준공일 인정기준은 중요하다. 표준계약서에는 '준공검사에 합격한 경우에 한한다'라고 되어있으나 준공검사의 기준이 없다. 가끔 공사 상태가 미비한 부분을 기록한 일부 보완사항이 완료되지 않았다는 이유로 준공이 되지 않았다고 주장하지만, 법정에서는 사용에 지장이 없을 정도의 이유로 준공을 미루는 것은 허용하지 않고 있으며 특히 발주자나 발주자가 인정하는 사용자가 시설을 사용하는 날짜를 실질적인 준공일로 인정하고 있다. 하자보증 역시 실질적인 준공일로부터 시작된다.

이 조항은 한편으로는 시공사를 보호하는 성격이다. 대형 상업용 건물이나 공장, 플랜트의 경우에는 실질적으로 하루 매출이 수억 원에서 수백억 원에 달하기도 하는데, 공사 준공이 늦어져 그만큼 손실을 시공사에 요구한다면 감당하기 어려울 것이다. 따라서 이것은 건물의 성격이나 목적에 따라 조정되어야 한다.

⑩ 대가 지급 이자(Interest)

이것은 점차 발주자의 책임 이행을 요구하는 최근 경향을 보여주고 있다. 발주자의 가장 큰 책임은 시공사에 대가를 지급하는 것인데, 표준계약서에서는 수급인의 기성 검사 요청일로부터 14일 이내에 검사 결과를 통지하도록 하고 있다. 그러나 검사 요청 시에 어떤 서류를 어떻게 갖추고 어떤 기준으로 산정하는지에 대한 기준이 필요한데, 이것은 획일적으로 정할 수 없으므로 이때 감리자의 판단이 요구된다.

⑪ 계약특수조건의 작성

계약특수조건은 일반조건의 내용에서 변경할 사항이나 추가할 사항을 작성하는 것이다. 아래는 그 방법 중 하나의 예시인데, A항은 변경하거나 구체화할 사항을 일반조건의 조항번호를 적고 그 내용을 명시하는 것으로 작성되어 있다. 실무에서는 다양한 방식으로 작성할 수 있다.

PARTICULAR CONDITIONS (특수조건)

A. References from Clauses in the General Conditions (일반조건에서 변경사항)

Article 1.1 (제1조 1항) The Project is 사업명: (사업명)

(조항번호) Language for Communications 소통언어: (언어 명기)

(조항번호) Language(s) of the Agreement 계약언어
        Ruling language 준거언어: (언어)
        Governing Law 준거법: (적용되는 법)

(조항번호) Notices 통지방법
        발주자 연락처 (담당자 성명, 주소, 이메일, 전화번호 등)

        계약상대자 연락처 (담당자 성명, 주소, 이메일, 전화번호 등)

(조항번호) Commencement Date 착수일:
        Time for Completion 완료일:

(조항번호) Rules of Arbitration 분쟁해결지역: (지 역 명)

B. Additional Clauses 추가조항

1.
2.
3.

06
—
정산, 반드시 해야 하나

모든 프로젝트는 시간 제한적이며 반드시 끝을 맞이하게 되고, 건설사업 역시 하나의 프로젝트이므로 반드시 완공을 맞이하게 된다. 이를 건설사업에서는 "준공"이라고 한다. 이를 해외에서는 "Substantial Completion" 또는 "Considerable Completion"이라고 하며 공사계약에서 요구한 내용은 완료한, 사용 가능한 준공 상태를 말한다.

준공이란 두 가지 의미가 있다. 하나는 건설의 종료이고 다른 하나는 시설 사용(또는 공용)의 시작이다. 종료를 위해서는 정산계약을 해야 하고, 시설 관리를 위한 준공 도면과 준공 서류를 갖추어 발주자에게 인계해야 한다[97]. 건설사업의 완료가 끝이 아니라 시작이라는 것은 발주자가 등기할 때 느낄 수 있다. 등기는 건물의 출생신고다. 인간은 가치를 매길 수 없지

97) 필요한 서류의 종류와 수량은 한 번쯤 생각해 볼 필요가 있다. 도면은 불필요하게 많이 작성되어 처리가 곤란할 때도 있고, 보수 자재(Spare parts)는 보관에 더 많은 비용이 소요된다. 시공사도 낭비지만 발주자도 낭비다. 이것은 발주할 때부터 정리되어야 한다.

만, 건물은 출생과 함께 가치가 매겨진다. 그 근거는 공사금액과 설계비, 감리비, 인허가 비용과 각종 수수료를 포함한 신축 비용이다.

　한편으로 정산계약은 사직서를 제출하는 의미와 많은 면에서 닮아있다. 사직서를 쓰는 이유는 개인보다 회사를 보호하기 위한 이유가 더 크다. 특히 감액 정산일 때 지급한 금액과 차이가 난다면 나중에 실수나 악의로 계약에 남은 금액만큼 더 청구할 때 곤란한 상황이 발생한다. 이것은 도급사에게도 해당된다. 그래서 발주자는 정산계약을 맺어 두는 것이 안전하다. 이때는 첨부나 붙임 서류가 필요 없다. 계약조건이나 이행보증도 불필요하다.

　'일을 제대로 하였다' 라는 것은 처음 시작할 때가 아니라 일을 마무리할 때 혹은 향후 문제가 발생했을 때 진가가 나타난다. 규정과 절차를 지키고 정상적으로 진행하였다면 준공 준비는 하던 일의 연장에 불과하다. 벼락치기 공부하는 학생의 입장이 되는 것은 모든 일을 새로 작성해야 하기 때문이다. 많은 이면적 합의들을 만들고 많은 합의들이 말로만 존재하며 당시에 긴급하게 일을 추진한다는 목적으로 진행된 일은 지금에서는 의미가 없는 경우가 많다. 그래서 때로는 정산에 몇 개월이 소요되고, 심지어 운영에 들어간 지 수년이 넘도록 정산이 되지 않은 경우가 발생하기도 한다. 미국의 유명한 리더십 권위자이며 조직개발 컨설턴트인 스티븐 코비[98]는 "자신의 삶을 주도하라"에 이어 "끝맺음을 생각하며 시작하라"는 습관을 제시

98) 출간된 지 25년이 넘었지만, 그의 저서 『성공하는 사람들의 7가지 습관』은 여전히 자기개발서의 고전이다. 그는 '시간관리 매트릭스'를 통해 긴급한 것보다 "소중한 것을 먼저 하라"고 강조한다.

한다. 그리고 그는 중요한 것과 그렇지 않은 것을 나누는 것을 구분함으로써 미래의 결과가 결정된다고 강조했다. 긴급한 것을 먼저 하였다면, 일은 바쁘기만 하고 그 결과도 좋지 못하지만, 중요한 것을 먼저 하는 습관을 들이면 중요하지 않으면서 긴급한 일을 할 때보다 여유 있게 할 수 있고, 당장은 모든 것이 급한 것처럼 보이지만 지난 뒤에 보면 중요하지 않은 일은 안 해도 상관없다는 설명이다. 그렇지 아니한가?

반드시 성공하려면

01
—
완공을 위한 위험관리(Risk Management)

내가 처음 중동 국가에 갔을 때 신기했던 것은 1층이나 2층까지 집을 짓고 그 위는 여전히 공사 중인 상태로 남아 있는 장면이었다. 중동 상황에 익숙한 동료가 그들은 대가족이 모여 살며 한참 공간이 부족하지만, 돈이 있는 만큼 이렇게 지어 살다가 돈이 생기면 다시 공사하며 공간을 넓혀간다고 설명해 주었다. 다행히 다른 인수자가 공사를 이어가 지금은 멋진 건물로 탈바꿈하였지만, 서울 도심지에서도 가장 번화한 거리 중의 하나인 테헤란로 한 편에는 골조만 세워진 채 수년간 공사가 중단되어 흉물스럽게 남아 있는 약 20층 높이의 건물 하나가 있었다. 오랜 분쟁과 논란으로 몇 년간 공사가 중단되었던 어느 종교단체가 발주한 여의도의 건물도 다시 사업이 진행되었다.

손자병법에서는 이길 수 있는 전투에만 임하고 이기기 어려운 싸움에서는 손실을 최소화해야 한다고 가르친다. 리스크를 없애는 가장 제일 좋은 방법은 시작하지 않는 것이다. 위험성이 크면 그 사업을 포기해야 한다. 발주를 시작하는 순간부터 리스크는 현실에게 얼굴을 돌리고 친한 척 미소를 짓는다. 사업 리스크는 경제적인 문제로 해석될 수 있으며, 이때 이로 인한 가장 극단적인 결말은 파산이다.

이처럼 사업이 시작된 후 발생할 수 있고 감당하기 벅찬 잠재적 위험(Peril)은 우선 타인에게 공식적으로 넘기는 방안을 찾아야 하는데 그러한 방법의 대표적인 방법이 보험, 보증 또는 공제(共濟)다[99]. 그러나 이것은 과실이나 사고, 그리고 예상치 못한 외부의 위험 중 일부이지 모든 것을 해결하진 않는다. 보험이나 보증이 커버하지 않는 기술이나 인원, 자금 부족, 그리고 계약적 문제와 같은 근본적인 사안에 대한 다른 대비는 전쟁에서 연합군을 형성하듯이 컨소시엄(Consortium)[100]이나 신디케이트(Syndicate)를 형성하는 방법이다. 그래도 해결할 수 없는 미수금 발생, 현장의 안전사고, 기상 악화와 같이 남아 있는 위험은 정도를 줄이고(Mitigate) 관리(Control)하며 가야 한다.

[99] 위험의 전가(Transfer)에는 다른 이에게 떠넘기는 Back-to-Back 계약 방식도 있지만, 이것은 사업 참여자 개별적인 입장에서의 전가이며, 사업 전체적인 시각에서는 실질적인 전가가 아니다. 공제는 협동조합으로 보험과 유사성이 높으며, 건설 분야에는 건설공제조합과 전문건설공제조합이 있다.

[100] 컨소시엄과 조인트벤처(JV, Joint Venture)의 차이는 둘의 회계처리를 공유하느냐 그렇지 않으냐의 차이다. 전자는 개별 처리를 하고 비용을 나누지만, JV는 새 법인을 통해 함께 회계를 운영한다.

위험 관리 절차(Risk Management Process)

건설사업에서 발생하는 위험들을 찾아내고 위험 정도를 평가하는 것은 건설사업관리 중 위험 관리(Risk Management) 분야다. 이들은 건설사업의 위험을 수치화된 것은 정량(定量)적으로, 그렇지 않은 것은 정성(定性)적으로 분석한다. 정량적 분석은 누구든지 할 수도 있지만, 모든 분야에서 정성적인 분석은 전문가의 몫이다. 그러나 정성적인 분석을 그대로 두는 것이 아니라 정량적으로 만들어 내는 것까지가 그의 역할인데, 그것이 위험 분석이다.

리스크를 형태별로 간단하게 분류하여 그 영향을 보여주는 것을 리스크 형태와 영향 분석(Risk Modes and Effects Analysis)이라고 하는데, 발생 가능한 수많은 경우들을 나열하고 각각을 평가하여 목록(Risk Register)을 만드는 것이다. 이때 전문가들의 경험과 사고 조사 사례들이 동원된다. 나열된 경우들에 가중치는 발생 가능성(Probability 또는 Likelihood)이 되고 이것은 위험 관리 매트릭스(Risk Matrix)나 몬테카를로 방법(Monte Carlo Simulation)[101]과 같은 정량화 수단을 이용하여 평가하게 된다. 다음은 이러한 과정을 통해 정리된 리스크 목록표의 사례다.

101) 폴란드계 미국인 수학자 스타니스와프 울람(Stanislaw Marcin Ulam)이 개발한 방법으로, 수많은 상황을 통계적 기법으로 분석하여 확률적으로 평가하여 등급(Ranking)을 매기는 방법이며, 원자폭탄 개발에 사용되며 유명해졌다. 울람은 그 후 수소폭탄 개발에도 중요한 업적을 남겼다. 몬테카를로는 프랑스 옆에 있는 모나코의 도박 도시의 이름이다. 모나코는 미국인 여배우 그레이스 켈리가 2달러 지폐를 선물 받고 이 나라의 왕비가 되면서 더욱 유명해졌다.

Risk ID	Risk Statement	Probability Or Grade	Impact on Work or Quality	Impact on Schedule & Cost	Fallback Plan, Response & Description
1	Bad weather such as heavy rainfall, flooding, snow and typhoon. The project site and the base camp are notorious for frequent flooding areas.	Major	Decrease work days Decrease geotechnical strength	Delay Schedule Increase Cost to meet the deadline	Establish evacuation plan. Perform careful safety inspection.

위험 관리의 사례 (Risk Register)

사업마다 리스크의 종류는 다양하다. 그러나 공통적으로 해외에서는 국가 리스크라고 하는 정치적 리스크를 떼어 놓을 수 없다. 의도적이든 아니든 마치 증권가의 테마주처럼 정치와 사회적 이슈에 관련성이 있을 때다. 한때 최대의 해외 건설 시장이었지만 카다피의 몰락과 함께 대탈출 극을 벌여야 했던 리비아의 건설사업들이나 대북 경수로 원자력 발전을 목적으로 한 KEDO 사업과 같은 일들이다. 4대강 사업도 정치 테마와 연계된 사업이었으며, 이로 인해 이익을 본 기업도 있지만, 건설사들은 대부분 손해를 보았다. 무엇보다 이 기간에 다른 국가 기간사업들이 중단되거나 공사장에 조달되어야 할 장비와 자재의 부족으로 불가피하게 공사가 지연되는 간접적인 피해를 입은 건설사업들이 상당했다는 사실이다.

금융에 의한 프로젝트 파이낸싱(PF)는 위험관리가 더욱 중요하다. 시공사에는 책임완공약정(Completion Guarantee)을 요구한다. 파이낸싱은 시간에 의한 싸움이기에 반드시 예정된 기간에 완료해야만 한다. 그리고 어떤 발주자이든 완료하지 못하는 공사는 결코 이익이 될 리가 없다. 발주자에게 건설은 최종적인 목적이 아니라 과정이기 때문이다. 시공사 역시 중단된 사업에서는 원하던 목적을 이루기 어렵다. 실패한 사업은 모두를 불행하게 한다. 따라서 위험 관리는 모두의 성공을 위한 필수적인 노력이다.

02
—
건설공사 위험과 해결방안

　　　　　　　　건설 현장은 다양한 사고에 노출되어 있다. 건
설 중이던 한강의 신행주대교 붕괴나 2017년 용인 물류센터의 옹벽 붕괴,
아파트 건설 현장의 축대 붕괴, 인접한 초등학교 공사로 지반이 붕괴하며
유치원 건물이 기울어져 마침내 철거되어야 했던 상도동 유치원 사건 등
우리 주위의 건설사고들은 매일 한 건 이상이라고 보아도 무방할 것이다.

　이런 사고를 대비하여 손해를 만회하는 방법이 건설공사보험이다. 이
것은 기본적으로 "모든 위험(All Risk)"에 대하여 보상한다. 작업자들의 실
수에 의한 화재나 폭발, 파손, 붕괴와 같은 사고들(Human failure)과, 홍수
나 태풍 피해, 침수, 벼락과 같은 자연재해(Acts of God)에 의한 일들은 우
리가 자주 접할 수 있는 사고들의 유형이다. 이처럼 고의성이 없는 실수
나 피할 수 없었던 피해에 대해서는 건설공사보험으로 만회할 수 있으며,

일반 화재보험과 달리 건설공사보험은 반복되는 사고에도 보험이 보장하는 위험으로 인한 사항이라면 추가 비용 납부 없이 보상을 받을 수 있는 이로움이 있다.

공사 현장 사고 발생 시에 공사장 외부의 사람들에게 피해를 주기도 한다. 인접한 유치원 건물이 기울어진 사고는 나의 공사로 인하여 주위에 손해를 끼친 상황이다. 이때 필요한 것이 제3자 배상보험(Third Party Liability)이며, 일반적으로 제3자 배상보험은 별도로 가입하는 것이 아니라 공사보험의 특약(특별약관)이나 확정 담보의 형태로 가입하게 된다.

다음의 예를 보자. 이 보험이 담보하는 공사비는 USD 78,630,000 (약 800억 원)이다. 자기 부담금은 25만 불이며, Occurrence 조건(any one occurrence)이다. Occurrence 조건에서는 원인이 같은 것으로 확인되면 몇 건이 발생하든 한 번의 자기 부담금만 공제하지만, Accident 조건은 그렇지 않다. 따라서 이것은 보상비용도 차이가 나지만, 원인 규명도 중요하다. 최악의 경우로 공사 현장이 모두 불타거나 붕괴되면, 자기 부담금을 공제한 나머지 전체 공사비를 보상받는다. 그리고 이 공사 주위의 발주자의 다른 시설의 보상은 1천만 불까지이고, 10만 불의 자기 부담금이 있다. 제3자에게 재산 피해를 줬을 때 1천만 불까지 피해보상이 되고, 자기 부담금은 5만 불이란 내용으로 가입되어있다.

```
Total Sum Insured/      Section  I : Material Damage
Limit of Liability      USD88,630,000
                            -   Contract value: USD78,630,000
                            -   Owner's surrounding property: USD10,000,000

                        Section  II: Third Party Liability
                        USD10,000,000 any one occurrence

Deductible              Section  I
                            □   USD250,000 any one occurrence in respect of Acts of god, Hot testing
                                & commissioning, LEG2/96 and Maintenance
                            □   USD100,000 any one occurrence for surrounding property
                            □   USD100,000 any one occurrence in respect of all others

                        Section  II
                        USD50,000 a.o.o. for third party property damage only
```

건설공사보험 약관의 예

일반적으로 공사보험은 공사 도급 계약 금액으로 가입하게 되지만, 만일 전체 가입대상 중 일부만 가입하였을 경우, 그 비율만큼 공제하거나 가입하지 않은 항목들에 대해서는 보상되지 않는다. 레미콘과 철근을 발주자가 따로 제공하고 이를 공사 도급 계약에서 제외하거나, 전기와 통신 공사를 따로 발주하면서 이를 공사보험에 포함하지 않는 경우도 발생하기 때문이다. 그리고 모든 보험 수수료는 보험대상의 규모와 가입 기간에 따라 산정되므로, 공사 기간이 연장될 경우 추가 수수료가 발생한다.

발주자는 또 다른 위험에 노출되어 있는데, 바로 설계로 인한 문제 발생이다. 거의 완공된 상태에서 한쪽 지반의 침하로 건물 전체가 기울어져 사용할 수 없게 된 어느 오피스텔의 경우를 생각해 보자. 이런 상황 발생이 시공자의 잘못이라면 건설공사보험과 연관되겠지만, 설계결함이라면 보상은 제한적이다. 그리고 설계자에게 책임을 묻게 된다면 뒷일은 더욱 문제다. 설계사들은 대부분 영세하고(그래서 이겨도 얻을 수 있는 것은 많지 않고), 전문지식과 전문용어로 논리를 펼치는 그들과 직접 상대하기는 어렵다. 이를 대비한 것이 전문인 배상 보험(PI 또는 PLI, Professional Liability Insurance)이다. 이 보험은 의사나 변호사와 같은 전문가들을 대상으로 하였지만, 엔지니어의 영역도 포함되었다. 한국에서는 이 보험에 대한 가입자가 많지 않아 보험 수수료가 저렴하지 않지만, 해외에서는 설계자와 감리(Engineer 나 OE)에게 대부분 PI를 요구하고 있다.

보험에 해당하는 사고가 발생하면 일반적으로 보험사에서 자체적으로 조사하거나 손해사정사(Loss Adjuster)를 통해 사고원인과 함께 피해 규모를 조사하게 된다. 자동차 사고의 전문 손해사정사처럼, 건설공사에도 전문 손해사정사가 있다. 보험 사고의 원인 규명과, 이에 해당하는 피해의 범위와 액수를 산정하는 것은 공학과 원가에 대한 이해를 요구하는 전문적인 일이다.

앞에서 공사보험이 담보하는 내용이 건설 중 "모든 위험"이라고 하였지만, 모든 일에는 항상 예외가 있다. 손해사정사가 매우 객관적이고 공정하게 조사하겠지만, 그들이 피감사 대상으로부터 수수료를 받고 회계감사를 하는 회계사들처럼 보이는 것은 사회 구조적인 문제 때문이 아닐까 한다. 개인보험에서는 보험중개사는 보험 대리인이나 모집인, 중개인 정도로 인식된다. 그러나 더 전문적이고 지속적인 서비스가 요구되는 건설공사보험과 같은 기업보험에서는 다른 관점에서 보아야 한다. 그들은 보험전문가들로 구성된 보험시장에서 보험 구매자에게 적합한 서비스를 제공하기 위해 탄생한, 소비자를 위한 보험 서비스를 제공하는 사람들이다. 세계적인 보험중개사는 영국 프리미어 리그에도 스폰서로 이름을 올린다. 건설공사의 종류와 여건에 따라 선택할 수 있는 특약이나 확장 담보들은 최소 70여 가지가 되며 그 종류는 더욱 다양해지고 있다. 따라서 직접 보험사와 접촉하여 가입하는 방법도 있겠지만 여러 보험사를 접촉하고 각종 특약과 확장 담보에 대한 조건들을 검토하여 가장 보험가입자에게 유리한 조건을 제공하는 보험사를 선정하고, 보험 사고 발생 시에 보험가입자의 편에서 보험을 해석해 주고 손해액 평가를 도와주는 보험전문가를 통한 방법은 고려의 가치가 있는 방안이다.

03
—
공사보험의 역할

　　　　　　　　15세기 말, 콜럼버스 신대륙 발견과 바스코 다 가마의 신항로 개척으로 마침내 유럽의 대항해 시대가 활짝 열렸다. 신대륙의 은과 세계의 향신료들이 쏟아져 들어오면서 해상 무역은 날로 번성해갔다. 그러나 바다는 여전히 인간이 범접하기에는 두려운 상대였고 때로는 귀중한 화물을 실은 배들이 종종 바다에서 난파되거나 화물을 모두 잃은 채 돌아왔다. 이것은 화물의 주인들인 화주들에게 가장 큰 고민이었다.

　1688년경, 런던 템스 강변에 한 카페가 문을 열었다. 카페들의 주요 손님은 화주들이거나 이제 운항을 준비하는 선주들, 그리고 선장들과 선원들이었다. 처음엔 사람들은 해상 날씨와 나라별 무역품과 같은 정보에서 해적의 출몰 같은 최신 뉴스들을 교환하기 시작하였는데, 주인의 아들인

에드워드 로이드(Lloyd)는 이것을 종이에 적어 벽에 붙여 놓고 여러 손님에게 정보를 제공했고 나중에는 정기적인 정보지를 발간하기에 이르렀다. 그뿐만 아니라 그곳에서는 초기 형태의 보험거래가 이루어지고 있었는데 다양한 해상 무역 관계자들이 모여드는 이곳은 화물이나 배에 손실이 있더라도 이에 대한 손해를 복구하고 싶은 사람들과 이에 대한 일정비용(premium)을 받고 이들의 리스크를 인수하려는 사람들이 모이는 시장역할을 했다. 에드워드는 종이 한 장(Slip)에 보상내용을 적은 뒤 그 밑에리스크를 인수할 사람들이 자신이 인수할 리스크 비율과 이름을 적고 서명하게 했다. 이렇게 합의 조항 아래 이름 쓴 사람을 "언더라이터(Underwriter)"라고 하였는데, 이런 과정이 보험 계약서를 의미하는 청약서(slip)와 위험 심사와 인수의 의미로 쓰이는 언더라이팅의 유래가 되었다. 이후 에드워드는 이러한 언더라이터들을 모아 협회를 결성했고 이것이 현재의 로이드 보험(Lloyd's)으로 성장하게 되었다.

한편으로 이보다 조금 앞선 1666년 9월, 런던에 대화재가 발생하였다. 빵 공장에서 시작된 불은 런던 시내로 빠르게 번져나갔다. 당시에는 소화장비나 시설도 제대로 되어있지 않았고 목재로 지어진 집들이 대부분이어서 5일 동안 1만 3천여 가구가 불타고 당시 런던 인구의 절반 이상이 화마에 희생되거나 피해를 보았다. 이를 계기로 화재보험을 전문으로 하는회사가 설립되었다.

이후 보험은 통계학의 발전을 통해 더욱 과학적으로 접근하기 시작했다. 유체 역학에서 '베르누이 법칙'으로 유명한 다니엘 베르누이의 삼촌인 야코프 베르누이(Jakob Bernoulli)는 "대수의 법칙(Law of large numbers)"을 통해 위험을 계수화할 수 있음을 보여주었다. 이 법칙은 표본 대상의 수가 많을수록 통계적 추정의 정확도가 높아진다는 것인데, 한 번의 사건이 발생하면 이에 대한 비용 손실은 크지만, 보험에 가입된 사람들의 수가 늘어날수록 평균적으로 지출되는 보상비용은 일정한 통계적 수치에 가까워지는 것을 의미한다. 이러한 수치에 보험사(Insurer)의 비용과 이익을 더한 것이 보험가입자(The insured)가 지급해야 할 보험금(Premium)이다.

배의 규모가 클수록 리스크의 크기는 커지는 것처럼 건설사업의 규모가 클수록 기간도 길어질 뿐만 아니라 더 많은 리스크에 노출되기 때문인데, 사업가들이 모든 위험을 줄이거나 안고 가는 것을 선호(Accept)했다면 로이드는 영원히 템스 강변의 카페 주인으로 남았을 것이다.

인간의 배아가 어류의 모양에서 시작하여 파충류와 포유류를 거쳐 인간이 되기까지 진화의 과정을 그대로 되밟는 것처럼 건설공사보험은 근본적으로 보험의 발달 역사를 함께 한다. 해상 무역 보험에서 사용되던 용어들이 그대로 사용되고 보상의 내용과 손해 평가의 방법도 이를 근간으로 하고 있다. 따라서 우리가 보험 용어들을 이해하는 것은 보험 사고 대비와 발생 시에 보험을 내 편으로 만드는 것이다.

건설사업에서 가입하는 건설공사보험의 수혜자는 발주자와 도급사, 그리고 공사에 참여하고 있는 하도급사까지 모두를 포함한다. 건설계약에서 발생하는 산재보험, 고용보험, 건강보험, 노인장기요양보험, 연금보험과 같이 법적인 요구사항과 건설장비보험과 같은 것은 국내 실정법에 따르지만, 이것은 발주자나 건설사가 아니라 작업자와 장비운영자를 위한 것이다.

한편으로 건설업과 보험업은 서로를 잘 이해하고 있지 못하기에 서로에 대한 편견을 많이 드러낸다. 보험업계는 건설 현장에서 보험 사고가 발생하여도 그 원인과 현상을 이해하지 못하고, 현장에서 제대로 알려주지 않으면 팩트를 확인할 능력이 부족하다. 제3자의 공정한 판단을 기다린다고 하지만 그들은 어정쩡한 자세로 끝내기 일쑤다.

시공사는 보험과 금융에 대하여 경시와 두려움 사이에서 무엇을 어디까지 어떻게 설명해야 하는지 혼란을 겪는다. 그 결과 둘의 대화는 서로의 핵심을 벗어나곤 한다.

금융은 기술적 검증보다 협상에 익숙하다. 그래서 현장 엔지니어보다 기술 경험이 부족한 손해사정사들은 현장에서 보험 사고를 주장하면 검증보다 협상의 자세로 돌입하는 자세를 취하곤 한다. 하지만 그들의 협상에는 대체로 현장이 없다. 금액을 표시하는 숫자만 있을 뿐이다. 시공사는 시공사대로 보험사의 요구대로 따르거나 구매력을 무기로 맞선다. 이것은 올바른 협상이 아니다. 그래서 외국 보험사들은 한국의 보험 사고 조사 결과를 신뢰하지 못하고 시공사들은 만족과 불만족의 줄타기를 하고 있다. 하지만 이제 금융과 건설은 모두 성숙해져야 할 때다. 건설에서 보험 사고가 발생하였을 때 보험은 또 하나의 발주자다. 현장에서 사고는 결코 발생해서는 안 되지만, 이미 발생하였을 때는 이를 최선을 다해 극복하는 것이 중요하다. 그리고 발주자와 시공사의 관계만큼 서로에게 투명하고 공정하게 이루어져야 한다.

한 걸음 더 나아가

① 재산 손해와 인명 피해

근대 보험은 화재보험과 해상보험에서 시작되었다. 이것은 재산 손실에 대한 보호였고 손해액에 대하여 보상을 하였다. 이후 생명 보험이 나타났는데, 인간의 생명은 금전적 가치로 매길 수 없으므로 요건에 따라 정해진 일정액으로 보상한다. 따라서 재산 손실은 가치 평가가 이루어지고, 인명 피해에 대해서는 어떤 요건에 해당하느냐를 판단하게 된다.

② 건설공사 보험 (CAR, EAR)

건설공사보험에서 대표적인 CAR(Construction All Risk)은 건축이나 인프라 공사와 관련되고 EAR(Erection All Risk)은 조립하는 형태인 플랜트 공사에 해당하는 보험('조립보험'이라고도 해석한다)이다. EAR은 CAR이 탄생한 이후에 기계 산업이 발전하면서 기계적 결함에 의한 사고를 보장하기 위해 고안되었다.

세계 재보험사의 리더는 영국의 "로이드 협회"와 독일의 "무니크 리(Munich Re)"다. 한때 건설업계의 교육자료에는 CAR을 영국식 보험(로이드 약관), 독일식 보험 (Munich Re의 약관)이라고 하여 구분하여 기록되어 있으나 점차 특약이나 확장 담보의 내용으로 서로의 단점을 보완하고 있으므로 그 구분은 무의미해져 가고 있다. 공사의 토목 비중이나 성격에 따라 EAR과 CAR로 구분하나 이 또한 엄격히 적용되는 것도 아니며 보험의 명칭도 다양해져 가고 있다. 따라서 이를 구분하기보다 특약과 추가담보를 합쳐 어떤 사항을 중심으로 보장을 받아야 하는지 판단하는 것이 중요하다. 참고로 100억 원대 정도의 소규모 공사(Minor Work)는 해외 재보험사가 관여하지 않아 국문 건설공사보험 약관이 사용되기도 한다.

③ 특약(특별약관)과 추가담보(추가약관)

계약서에 특수조건을 첨부하듯이, 특약과 추가약관 역시 일반 약관에서 내용을 추가하는 것이다. 공사에 따라 눈여겨볼 만한 특약이나 추가담보 내용은 다음과 같은 예가 있다.

- 자재의 항공운반 대한 특약과 육상운반에 대한 특약
- 환율에 대한 특약(Currency Conversion Clause)
- 보관되는 건설자재에 대한 특약
- 기계 설비의 시운전담보 특약
- 지하 매설물, 상하수도 공사에 관한 추가약관
- 댐이나 저수지 공사에 관한 추가약관
- 기초파일이나 옹벽공사에 관한 추가약관
- 터널 공사에 대한 추가약관

- 산사태 영향이나 심정(우물)공사에 관한 추가약관

- 해양공사의 경우 Wet Risk 조항

- 방파제 공사와 같이 긴 형태로 완성되는 구간이 있을 때의 공정구간 특약

- 설계결함담보 특약(로이드 약관에서는 보통약관에서 담보)

- 부분 준공과 관련하여 이로 인한 손해담보 특약

- 계약상 유지관리 기간에 발생하는 내용에 대한 보장(유지 담보 특약)

04

—

마지막 점검

약관이란, 법률 계약에서 한 명이 다수의 상대편과 똑같은 형태의 계약을 체결하기 위하여 미리 작성한 계약 내용이며 영어로는 Schedule, Slip, Policy 등으로 부른다.

건설공사보험 약관의 일반적인 형태는 본문이 Section으로 구분되어 있는데, Section Ⅰ에서는 재산 피해에 대해서, Section Ⅱ에서는 제3자에 대한 배상 내용을 담고 있다. 내가 가입한 보험금액이 표시되어 있고 건설공사에서는 도급 계약 금액을 기준으로 가입하는 것이 보통인데, 이것은 공사를 처음부터 다시 할 수 있는 금액이다. 여기에 사고 잔해 처리(Clearance of Debris) 비용을 별도로 상한을 정해 가입해야 한다.

Section Ⅱ의 내용은 공사 중 사고로 인해 주위 사람들에게 재산상 손해를 끼쳤을 경우와 인명 사고에 관한 것이다. 이때 보상 한도를 얼마나 할 것인가를 판단해야 한다.

건설공사에서 발생하는 또 다른 사고들은 추락, 낙하물 사고와 같은 인명 사고, 건설기계나 장비의 전복 사고 등이 있으나 인명 사고는 산재, 고용, 영업인 배상 등과 같은 별도의 보험이 적용된다.

상가나 호텔, 공장, 플랜트 등과 같이 영업을 목적으로 하는 시설인 경우, 보험 사고가 발생하였을 때 입은 손해를 대부분 복구하더라도 영업 지연으로 인한 손해는 누구도 보상하지 않는다. 특히 계절이나 시기가 중요한 사업일수록 지연에 대한 타격은 더욱 클 것이다. 이런 경우에 대한 대비는 기업휴지보험(Business Interruption Insurance 또는 Advance Loss of Profit)"을 통해서다[102]. 이것은 완공 후, 보통 일 년간의 영업 실적을 바탕으로 사고로 인한 피해 규모를 '추정'하여 보상받는다. 이를 건설단계에서 가입하면 건설공사보험에서 보상한 사고로 인한 중단 기간에 대하여 보상한다. 따라서 이것은 발주자만 해당된다.

102) 기업휴지보험은 시공사의 지체상금(Liquidated damages for delay or Compensation of deferment)과 차이가 있다. 전자는 보험 사고인 한 시공사의 귀책사유와는 무관하며, 후자는 보험 사고일지라도 시공사의 귀책사유에 따라 시공사가 부담해야 할 책임이다.

보험사는 그 회사가 단독으로 모든 위험을 인수하는 것이 아니라 규모가 클수록 건설사들이 컨소시엄(Consortium)을 구성하는 것처럼 이들도 신디케이트를 구성하여 여러 보험사가 함께 인수하기도 한다. 그리고 그들 역시 다른 보험사에게 보험을 가입하여 위험을 줄인다. 즉, 보험사(Insurer)가 재보험사(Reinsurer)에 보험을 가입하는 것이다. 그러면 재보험사도 역시 여러 재보험사와 연합하여 분할 인수하기도 하고 다시 다른 재보험사에게 일부 전가한다. 따라서 건설업에서는 발주자에게서 모든 자금이 나오지만, 보험업에서는 대부분의 보상금이 다른 보험사와 재보험사들에서 나오는 역발주(逆發注)의 구조가 형성되어 있다. 현재까지 우리나라의 재보험사는 코리안리(Korean Re) 오직 하나뿐이므로 대형 건설공사보험은 해외의 재보험사들이 참여한다. 이런 연유로 대형 현장에서는 국내뿐만 아니라 해외의 재보험사들에 대한 이해가 우선이 된다.

"건설은 계획과 분석에 바탕을 둔 관리의 사업으로 나아가야한다"

산업 간의 경계가 허물어지며 기업과 개인은 경쟁자가 누구인지도 모르는 상태에 내몰리고 있다. 더 암울한 현실은 분명 현재의 경쟁자뿐만 아니라 더 많은 경쟁자가 몰려온다는 것이다. 철학을 위안으로 삼으며 감옥에서 죽어간 로마의 마지막 철학자 보에티우스처럼, 건설업도 이 산업은 인간 생활의 본질을 구성한다며 위안으로 삼고 있다. 그러나 의류의 재료는 섬유의 차원을 넘어서고 있고, 음식은 합성되어 생산되는 미래가 다가오고 있다. 우리의 삶을 보호하는 주거 역시 그러할 것이다. '기계공학의 꽃'이라는 자동차는 이제 'IT공학의 꽃'으로 바뀔지도 모르겠다. 해외 건설은 이미 바뀌었지만, 누구도 명확히 어떻게 변화하고 있는지 말해 주는 사람은 없었다. 한국의 건설은 해외 진출을 꿈꾸면서 오히려 해외의 건설은 한국으로 들어오는 길을 막아 왔다.

한편, 발주자는 외톨이로 남았다. 그는 필요 때문에 건설업에 발을 디뎠고 엔지니어들에게 손을 내밀었다. 그런데, 설계사는 설계사의 입장만 말하고, 시공사는 시공사의 입장만 주장하며, 감리는 감리의 입장만 고수한다. 그들은 자신의 계약과 불리한 방향은 결코 추천하지도, 추진하지도 않는다. 그가 무엇을 원하는가보다 그들이 무엇을 원하는지만 말한다.

누구의 돈이든 소중하기 마련이고 예산은 가치 있게 쓰여야 한다. 발주자가 성공해야 감리와 시공사 모두의 성공으로 이어진다. 이 사업이 반드시 성공해야 하는 이유다. 서로 경시와 대립만 하는 동안, 최저가 낙찰제와 해외 엔지니어들에 대한 발주자의 의존은 커져만 간다. 건설업을 보다 넓은 전략적 관점으로 보아야 한다. 어떻게 싸울까보다는 어디에서 싸울 것인가의 문제다. 내부의 범위를 넓힐수록 우리의 생각은 커진다. 우리의 경합 대상은 내부가 아니라 외부가 되어야 한다. 건설 전문가의 자존심은 상대를 존중할 때 지켜진다.

인류의 인지 혁명이 아담과 하와의 나체를 부끄럽게 생각하게 했다면, 플라톤과 아리스토텔레스는 논리란 개념을 통해 이성에 혁신을 가져왔다. 연역법과 귀납법은 기존의 정보를 소비하는 반면, 가추법은 훈련된 경험과 이성적 판단을 통해 발전된 지식을 만들어 내는 방법이다. 현상을 관찰하고, 현상의 원인이 되는 가설을 설정하고, 그 가설을 검증함으로써 새로운 사실을 발견하고, 문제 해결의 구체적인 방안을 얻을 수 있다. 연역법과 귀납법에도 가설 설정과 가설 검증의 과정이 있지만, 이것은 마치 이미 답이 정해져 있는 문제에 질문을 던지고 알고 있는 답을 말하는 논의 방식이다. 가추법은 전문적인 훈련을 통해야만 습득할 수 있는 능력이다.

그래서 전문가는, 오래 근무했다는 이유만으로 전문가가 될 수 없다. 전문가가 되기 위해서는 치열한 고민과 원인 분석과 전체를 이해하고자 하는 노력이 있어야 한다. 같은 시간을 어떻게 보내느냐에 따라 충실함은 달라진다. 그리고 긍정적인 마인드가 있어야 한다. 성공시킬 수 있고 성공시키겠다는 의지가 없다면 그 사업을 맡을 이유가 없다. 전문가는 프로페셔널이다. 아마추어는 모든 것이 어렵고 힘들다고 말한다. 그러나 수영에서 빨리 가는 방법은 허우적거리는 것이 아니라 리듬이다. 스키의 핵심은 발목을 고정하는 것이고 골프 스윙에서는 치킨윙을 없애야 한다. 리듬과 고정과 불필요의 제거는 '선택과 집중'이라는 효율을 낳는다. 분야는 달라도 전문가는 전문가가 알아본다. 나는 전문가의 힘을 본다.

전문가가 회사를 떠나는 것이야말로 회사가 고민해야 할 부분이다. 스페인에서 쫓아낸 유대인은 네델란드의 번영을 이끌었고 프랑스에서 종교 박해를 통해 쫓겨난 기술과 지식을 갖춘 위그노 인들은 영국의 기술 혁명을 이끌었다. 프랑스는 이때부터 영국을 뒤따라 잡는데 허덕이고 있다.

사막에서는 물을 입가에 축이듯이 조금씩 적시며 목이 마르지 않도록 해야 한다. 갈증을 느낄 때 물을 마시면 벌컥벌컥 들이켜게 되어 물은 낭비되고 목마름도 좀처럼 해갈되지 않는다.

이제는 부지런함이 미덕이 아니라 현명한 추진이 미덕이다. 편법이 능력으로 숭배되던 과거에서 투명성이 요구되는 오늘날이다. 그 가운데 "관리"가 있다. 과거에는 "통제"를 관리로 치부되었으나 진정한 의미는 미리 계획하고 현황을 분석하여 발전시키는 방법을 말한다. 미루었다가 한 번에 해결하는 것이 아니라 조금씩 대비해 나가야 한다. 그 가운데 데밍의 관리기법과 피터 드러커의 분석이 있다. 건설은 이제 작업자의 능력에 기초를 둔 공사가 아니라 계획과 분석에 바탕을 둔 관리의 사업으로 나아가야 한다.

＊빈 칸에는 추가로 찾아볼 내용을 기록하세요.

찾아볼 내용	페이지

＊빈 칸에는 추가로 찾아볼 내용을 기록하세요.

건설은 이제
작업자의 능력에 기초를 둔
공사가 아니라
계획과 분석에 바탕을 둔
관리의
사업으로 나아가야 한다.

"